北大气质课

陆文雄◎著

台海出版社

图书在版编目（CIP）数据

北大气质课／陆文雄著. —北京：台海出版社，
2018.5

　ISBN 978－7－5168－1879－4

　Ⅰ.①北… Ⅱ.①陆… Ⅲ.①个人－修养－通俗读物
Ⅳ.①B825－49

　　中国版本图书馆 CIP 数据核字（2018）第 090990 号

北大气质课

著　　者：陆文雄

责任编辑：戴　晨　员晓博　　　　责任印制：蔡　旭

出版发行：台海出版社

地　　址：北京市东城区景山东街 20 号　邮政编码：100009

电　　话：010－64041652（发行，邮购）

传　　真：010－84045799（总编室）

网　　址：www.taimeng.org.cn/thcbs/default.htm

E - mail：thcbs@126.com

经　　销：全国各地新华书店

印　　刷：香河利华文化发展有限公司

本书如有破损、缺页、装订错误，请与本社联系调换

开　　本：710mm×1000mm　　1/16

字　　数：245 千字　　　　　　　印　　张：19.5

版　　次：2018 年 7 月第 1 版　　印　　次：2018 年 7 月第 1 次印刷

书　　号：ISBN 978－7－5168－1879－4

定　　价：49.80 元

　　北大，在风风雨雨中走过了近百年的沧桑岁月，见证了中国的近代历史。北大，由新文化温养又反哺中国，至今依然坚定地屹立在文化的前沿。北大，可以说是优秀文化与沧桑历史的完美结合，日积月累的文化底蕴逐渐塑造了北大特有的人文魅力。

　　其实，北大不仅仅是一所大学，它还是一个与中国近现代命运息息相关的神圣殿堂：陈独秀和李大钊在这里相约分别在中国南方和北方筹建中国共产党；鲁迅、蔡元培、胡适等大批重要历史人物曾在这里任职或任教……

　　北大也不仅仅是北大人的北大，它是中国文化发展潮流的前沿阵地。包括美国前总统克林顿、俄罗斯前总统梅德韦杰夫等人在内的各国政要，美国微软集团董事长比尔·盖茨、中国阿里巴巴首席执行官马云、中国百度CEO李彦宏、新东方董事长俞敏洪等精英，都曾经在北大讲堂上留下过身影和智慧。北大并不是神话，它代表的是一种精神、一种气质，任何进入这种气质氛围的人，生命都将会从此与众不同！

　　北大为何能走出无数优秀的企业家与大批的思想学者、民族精英？这主要得益于北大所独有的精神气质。那么，北大人所代表的精神和气质究竟是怎样的？要如何做到？我们身为普通人——北大的局外人，是否也能学习和掌握和领悟这种精神和气质？

　　本书将为你解答这一切疑问！

什么叫气质？著名国学大师，曾任北大哲学系教授的冯友兰先生指出："在逝水流年中，我们日复一日地阅读、聆听、感受和体验很多的人和事。其中很大一部分一页页翻过，却并没有留存下什么记忆，更没有复习和回味的必要。但有一些却会在人生的旅程中，或者勾魂摄魄刻骨铭心，或者无声浸润沉降积淀，最后蓄养成我们称为'气质'的东西。它是岁月的沉积、人格的蓄养。"可见，北大人所信奉的气质是人灵魂上的一种高贵，这种高贵是引领人走向卓越的关键！

北大人认为，气质对一个人的行为和实践活动的进行及其效率有着极为明显的影响。好的气质能够使人成为交际圈的关键人物，拥有良好气质的人，会让人周身散发一种强有力的吸引力，让人不自觉地想靠近。但一个人的气质并不天生的，而是靠后天不断修炼出来的。从北大精英身上你可以看到，气质与修养并不是名人的专利，它属于每一个人。气质与修养不是和金钱、权势联系在一起的，无论你从事何种职业、年龄如何，都可以拥有独特的气质与修养。

通过本书，你不仅可以领略到北大独有的精神气质，还可以在名家的点拨下，提升和修炼出与众不同的气质来！愿你的人生从此与众不同！

目录
CONTENTS

第1章

气质，是岁月的积淀，人格的蓄养

什么是气质？一个人的气质是如何形成的呢？在北大人看来，气质其实是岁月的积淀，人格的蓄养，是一个人相对稳定的综合素养。它与一个人的经历、修养、学识等密切相关，而与形体、样貌、男女、装扮、钱财、权势等无关。可见，一个人的气质并不是天生的，而是靠后天修炼的。所以，要提升个人气质，就先要让自己的灵魂丰富起来，底蕴深厚起来，信念坚定起来，品格高尚起来，情趣超凡起来，内心强大起来，那么，你身上就会仿佛带有一道五彩光环，那便是良好气质的体现。

1. 气质是岁月的积淀，人格的蓄养

气质是一种美和高贵，是一种人格美和人格的高贵，它可以与形体、样貌、男女、装扮、钱财、权势无关，亦可赋予这些东西以真正的气质。

——冯友兰（国学大师，北京大学哲学系教授）

一个人魅力的核心是什么？是精致的面孔、美丽的装扮还是优雅的身形？一个人姣好的面貌及精美的装饰带给人的只是一种肤浅的美，真正能让一个人魅力永不褪色的只有其内在的气质。什么是气质？

著名国学大师，北大哲学系教授冯友兰先生曾经对"气质"给出了这样的注解：气质，是岁月的沉积、人格的蓄养，它之于人生的意义仅仅是："它在那里！"就像花儿在春天开放、在风中摇曳，美丽自处；亦像深山河谷的古老水车，于两岸青山之间，濡沫清流，兀自转动，吱呀自响。所以，气质跟附庸风雅无关，跟矫情做作无关，跟表演无关，跟目的无关。它就在那里！

由此可见，气质是人在后天阅历中自然形成的一种精神气息。逝水流年中，我们日复一日地阅读、听说、看到、经历、感受和体验了很多很多人和事，其中的很大部分，都像旧式日历一样一页页翻过，留存不下什么记忆，也没有复习和回味的必要。但有一些阅读、见闻、经历、感受和体验，却会在人生的旅程中，或者勾魂摄魄刻骨铭心，或者无声浸润沉降积淀，最后蓄养成为我们称为"气质"的东西。

北大人认为，气质是一个人魅力的核心，一个人的气质主要源于其自身的品德修养，优雅的谈吐，平和的心态，对礼仪的理解，对时尚的感悟，是一种散发着美丽气息的素质。它是由内而外散发的一种精神力量，是心灵美的一种外在体现。北大气质是一个人内在涵养的集中体现，有了内在的涵养，人就不会拘泥于外在的修饰，而会由内向外散发出迷人的精神气质，这是北大留给世人最宝贵的财富。

曾在北大教书的著名国学大师陈寅恪先生，其一生都在用行动践行他的"生命不息，学习不止"的思想理念。1937年，抗战爆发，陈寅恪先生携全家踏上了"流亡之路"。在离开北平之前，他还不忘记把自己的藏书寄往将要去的长沙。陈寅恪做学问的方式就是在书上随读随记，也就是古人所说的"眉批"，眉批上写满了他的思考、见解和引证，这也是他学术研究的基础。

在几乎没有参考书的情况下，陈寅恪撰述了两部不朽的中古史名著——《隋唐制度渊源略论稿》和《唐代政治史述论稿》。这是两本藏之名山、传之后世的著作，在国际汉学界具有极深的影响。《剑桥中国史》在提及陈寅恪时，给予了他异乎寻常的褒奖："解释这一时期政治和制度史的第二大贡献是伟大的中国史学家陈寅恪做出的。他提出的关于唐代政治和制度的观点，远比以往发表的任何观点更扎实、严谨和令人信服。"

就是这样一位最优秀的中国学者，"一个天生的导师"，此时却身处战火之中。他的工作条件惊人的恶劣，但他在大灾面前，依然恪守着一个民族的史学传统："国可以亡，史不可断，只要有人在书写他的历史，这个民族的文化就绵延不绝。"

这位国学大师的言行带给我们现代人的不仅仅是一种刻苦、好学、钻研的精神，更是一种令国人为之崇敬的人格力量。这种人格力量所沉淀和散发出来的精神气质，让他虽然隔着久远的历史，却仍能散发出一种无形的魅力，让人心生崇拜、敬仰！

北大作为中国一流的高等学府，它博大精深的文化底蕴孕育出了无数具有铮铮傲骨人格魅力的民族精英，李大钊、鲁迅、蔡元培、季羡林、陈寅恪、梁漱溟、冯友兰……正是这些人物的精神气质撑起了中华民族的脊梁，背负了一个民族的伟大复兴。从这些北大精英身上，你可以真正地感受到，高贵的气质是正直人格与深厚修养的蓄养，是一个人魅力的核心，与外在的一切毫无关系。

2. 气质是一种相对稳定的综合素养

> 习惯者，第二之天性也。其感化性格之力，犹朋友之于人也。人心随时而动，应物而移，执毫而思书，操缦而欲弹，凡人皆然，而在血气未定之时为尤甚。其于平日亲炙之事物，不知不觉，浸润其精神，而与之为至密之关系，所谓习与性成者也。故习惯之不可不慎，与朋友同。
>
> ——蔡元培（著名教育家，曾任北大校长）

生活中，有的人做事沉稳，善于思考，而有的人则是胆小怕事，不敢向他人陈述自己的异议；有的人善于合作，能够大度容人，而有的人则是斤斤计较，生怕自己吃亏。这些差异皆因为人的气质不同而造成。

北大人认为，气质是一个人相对稳定的综合素养，它并非名人的专利，它属于每一个人。气质与修养不是和金钱、权势联系在一起的，无论你从事何种职业，年龄如何，都可以拥有属于自己的独特气质。同时，气质对一个人的行为与实践活动的进行及其效率有着极为明显的影响。好的气质能够使人成为交际圈的关键人物，而一些不好的气质则会令一个人形象受损，令他的交际情况一团糟糕，渐渐地，人生也会越来越失意。

《人性的弱点》的作者卡耐基，在多年的实践研究中得出一个结论：

一个人能否成功与其身上的气质息息相关。一个没有"成功感"的人，在社交场所中难以展现出"成功者的神情"，因此他们不会产生强大的吸引力，因此也不会受人青睐。一个缺乏"成功感"的人去谈合作，可能会用以下的几种方式谈话：

"非常抱歉打扰您，我知道您没时间，但还是请您给我10分钟，让我简单地介绍一下我的产品，我将不胜感激。"

"今天我是特意来向您表示问候的，祝你事事如意。如果你不方便的话，我完全可以等一会儿……"

"打扰了，请问可以开始了吗?"

"打扰了，请允许我就这样结束吧。"

……

而一个拥有"成功者"气质的人，在初次与人接触时说话方式则完全不同，他们会面带微笑地说：

"很高兴能有和您直接谈话的机会。因此，我想充分利用这次机会，尽量和您多谈一些实际操作方面的问题。如果您有什么疑问的话，请随时提问。"

"我专程来向您介绍一下新产品的优点。"

"今天我带来了关键时刻才会提出的建议。"

"我擅长统计分析，可以从最新的数据中，为您提供行业的新动向。"

对此，卡耐基指出：像前者那样，越是客气，对方越是会不得不"忍受着"听他讲话，并希望早点能够结束。而后者，因为他们的自信，反而给对方带来一种希望和好奇，并期盼听到更多的信息，于是会更受人青睐。

气质是一个人相对稳定的综合素养，即便你刻意表现，你的气质也会从你的眼神、语气等方面表露出来。所以，要修炼好气质，就要从平时的点滴开始积累，建立内在的自信系统，让气质从内而外地自然地流露，而不是靠一时的刻意表现。

气质固然是一个人相对稳定的特性和素养，不过它是可以通过后天培养和训练的。它不是一朝一夕养成的，它是一种由内而外散发的精神素质。它不是时髦、不是漂亮，也不是金钱所能代表的生活方式，它常常是一种纯粹的细节所衬托出来的点点滴滴。有些人，容貌与打扮都不俗，但总无法谈得上有气质。气质是能力、知识、情感、生活的一种综合外在表现，来自丰富的深厚的底蕴，是着急不得、模仿不来的。气质的培养需要一种环境，更需要磨炼。如果一个人一天到晚除了装扮外表，就是做家务或打牌搓麻将、闲聊逛荡、无所事事、混日子，他是永远不可能获得气质的。气质之树只有扎根在文化、人格的沃土中才可以枝繁叶茂。

北大是中国优秀文化与沧桑历史的完美结合体，其日积月累的文化底蕴塑造了其特有的人文魅力，让每个北大人都深受熏陶，造就了独有的沉稳、儒雅、内敛的精神气质。俞敏洪、李彦宏、黄怒波、王强、徐小平、李国庆……他们正是带着这份独有的气质，感染了身边无数的人，随即也将其人生推到了制高点，受人瞩目。当许多同龄人还在观望时，众多北大人常常一跃成为时代的领航者，他们的成功不仅因为坚强，更因为信仰，而这种信仰就来自于造就他们的北大精神！

3. 良好的气质，能让人充满"磁力"

什么叫作气质？一个人的气质来源于什么？来源于你的智慧知识、经验才能、与人交往的全部集合，慢慢地转换成你内在气质的一部分。

——俞敏洪（新东方董事长，毕业于北大外文系）

林嘉是一位受人欢迎的女性，无论走到哪里，都会被人围着、宠着。毕业于北大哲学系的她一生最大的资本就是懂得如何去看淡周围的一切，并经营自己。

出身于书香门第的她在很小的时候就养成了读书的习惯，这让她与同龄的女人相比多了一份睿智与从容，其举手投足间所呈现的优雅，总让人心生向往。同时，她还经常到一些俱乐部，去学习如何与人交往的艺术。

林嘉的另一半是个极为成功的人，但从来没有传过绯闻，只对她情有独钟。在此期间，林嘉更没有放松自己，她学会了如何打高尔夫，学会了评鉴美酒，学会了温柔地聆听，学会了表达自己的意见，学会了摄影，学会了舞蹈，学会了让自己更为高贵美丽，学会了经营自己的事业。

林嘉身上所透出来的迷人魅力，皆源于其内在的气质。她可能长得不够漂亮，但其深厚的修养与优雅的举止，让她整个人都充满了"磁性"，足以让人心生向往。

生活中，一个人之所以能在众人之中脱颖而出，能以强大的"磁力"征服他人，给人留下美好的印象，关键就在于其气质。北大人认为，以貌取人是十分肤浅的行为，气质才能真正地展示一个人的内在涵养，它是内在魅力的外在体现。因此，在工作和生活中拥有出众的气质，是每个人都梦寐以求的，也是非常重要的。那种气质出众者，给人的感觉是一种舒适、亲切、随和的感觉，与之交谈，会静静地聆听，给人信赖的感觉。同时，在受到创伤时，他们会用其对生活睿智的见解给予你温暖的抚慰。在社交场合，他们能用幽默化解尴尬，用智慧点拨人生，用优雅的姿态给人留下难忘的感觉。总之，良好的气质，能让人充满"磁力"，让人心生向往。

许多人都喜欢《射雕英雄传》中那个憨厚可掬的郭靖，他老实本分，看起来像个榆木疙瘩，而黄蓉却古怪精灵，智商和悟性都极好。依常理，黄蓉的职业发展前景和个人前途应该比郭靖好一些才对。但实际上，郭靖却超越了黄蓉，成为武林中能力最强的人。江南七怪为了调教他，教给他真本领，贡献了自己的大部分精力，全真派老道，不远千里，不厌其烦地手把手教他真功夫，却不肯指点梅超风，甚至连九阴真经、降龙十八掌这样的真本事，都无一例外地传授给他。

难道是幸运之神格外眷顾"庸才"吗？当然不是，郭靖这个人，尽管智商不高，情商却极高，他身上的忠厚气质是吸引别人的最大资本。他四肢发达，头脑简单，但他却懂得感恩、诚实守信、待人真诚，对人从不设防，所以更容易赢得他人的信赖，很容易被人所接纳。同样地，黄蓉虽然冰雪聪明，但却不易得到大师的点拨。

一个拥有良好气质的人，一定拥有丰富吸引力的人格魅力，他们集真诚、自信、进取、涵养、格局、胆识、梦想、激情等等良好的因素于一身，无论在任何场合，其周身所散发出的"磁力"足以倾倒众人。所以，在生活中，要想成为一个值得信赖和受人欢迎的人，那就去修炼自己的气质吧！

4. 腹有诗书气自华，最是书香能致远

古今中外赞美读书的名人和文章，多得不可胜数。张元济先生有一句简单朴素的话："天下第一好事，还是读书"。"天下"而又"第一"，可见他对读书重要性的认识。为什么读书是一件"好事"呢？

也许有人认为，这问题提得幼稚而又突兀。这就等于问"为什么人要吃饭"一样，因为没有人反对吃饭，也没有人说读书不是一件好事。

——季羡林（国学大师，哲学家，曾任北大副校长）

气质是岁月的积淀，人格的蓄养，是指一个人内在涵养或修养的外在体现，是内在的不自觉的外露，而不仅是表面功夫。如果你胸无点墨，哪怕用再华丽的衣服装饰，这人也是毫无气质而言的，反而会给人肤浅的感觉。所以，如果你要提升自己的气质，除了平时穿着得体、说话有分寸外，还要不断地通过读书来提升自己的知识、品德和修养，不断地丰富自己。

北大人认为，腹有诗书气自华，最是书香能致远。提升气质，最重要的是通过读书，扩展自己的知识内存。腹有诗书，即使是相貌丑陋，但举手投足间所展现出的那份优雅，也会让人心醉。北大毕业的俞敏洪曾说过这样一句话："人生皆因读书而不输。读书未必会改变命运，但却一定可以改变你的气质！"可见，书籍对一个人气质提升的重要性。

曾有人问情感作家苏岑："什么叫知性？"她答道："知性就是知道很多事情。"这并非是简单的玩笑，自信，来源于"我知道"。书，可以告诉你很多你不知道的事情，从此，你便会从容不拘谨、豁达不怯场，

这便是气韵。

有人说，要提升气质，一定要美化你的面貌，学点化妆术。的确没错，外在的妆容确实可以让一个人瞬间光彩照人，但却无法改变一个人的内在。关于化妆，作家林清玄有这样的观点：脸蛋儿的妆饰是最低级的化妆术，它能改变的事实很少。深一层次的化妆是改变体质，让一个人改变生活方式，睡眠充足，注意运动与营养，这样其皮肤改善，精神充足，比脸蛋儿的化妆有效得多。再深一层次的化妆是改变气质，多读书，多欣赏艺术，多思考，这样的人就是不化妆也丑不到哪里去。由此可见，脸蛋儿的妆容仅能改变人的容貌，而读书能改变人的内在气质。"腹有诗书气自华"，说的就是这个意思。一个人若被书籍浸染，其性格是温润、雅致的，能使其一言一行都透出诱人的气韵，令人回味无穷。

不可否认，书籍是丰富人的大脑，提升自我气质的重要法宝之一。可以想象，一个外表靓丽、内心荒芜的人，其对人的吸引不过只停留在一瞬间。而一个爱读书，内心充满智慧，拥有丰富内涵的人，对于他人的吸引则是永久性的。

来自一个落后小山村里的梅栅，从小就是一只"丑小鸭"：细黄的头发，黝黑的皮肤，再加上她有些俗气的老家土话，让她整个人看起俗气不堪，毫无气质。但是，通过几年的努力，她如愿地考上了省城里的一所重点大学。

四年的大学生活，让梅栅很快脱去了乡土气。在学校里，她的打扮依旧朴素，但同学们都说她从内而外却透出一种灵气来。和她聊天，便能发现她是一个有智慧的聪明女孩，对人生她有着独到、深刻的见解，对生活的一些事情都看得很开，而且非常了解自己，很明白自己想要什么。

其实，这一切都源于梅栅的爱读书的习惯。她的寝室里总是放着一些能启迪人生智慧的书籍，一旦读到那些能解答心中困惑的句子，她就会用笔将这些句子记下来，反复地品味揣摩，如果觉得有道理，她就会采纳书中的建议。久而久之，梅栅便克服了自己的一些缺点，也变得更加坚定和优秀了。同时，因为爱读书，就连她的普通话也说得流利了起来。随着见识的增长，她也开始变得自信起来，尤其是那昂首挺胸的样子，俨然是一只"白天鹅"。

可见，一个人若爱读书，其是有思想有内涵的，这样的人身上能散发出不同的气质。生活中，不乏像梅栅一样的人，她们喜欢买书、看书、写作，书是她们经久耐用的时装和化妆品。她们尽管衣着普通、素面朝天，走在花团锦簇、浓妆艳抹的女人中间，却格外地引人注目。这就是由内而外散发出来的一种气质和修养，让她们显得韵味十足。

爱读书的人，无论走到哪里都会成为众人眼中的宠儿。她可能貌不惊人，但却有一种内在的气质：幽雅的谈吐超凡脱俗，清丽的仪态无须修饰，那是沉静的凝重，动态的优雅；那是坐得端庄，行得洒脱；那是天然的质朴与含蓄相混合，像水一样柔软，像风一样迷人，像花一样绚丽……

经常读好书的人，做事能进行深入的思考，明白怎么才能想出办法。他们智商较高，能将无序而纷乱的世界理出头绪，抓住根本和要害，从而明智地提出解决问题的办法来。

爱读书的人是美丽的，而且美得别致。他们不似鲜艳的玫瑰，不似浓烈的红酒，只像是一杯散发着幽幽香气的清茶，即便不施脂粉也显得神采奕奕、风姿绰约！所以，要培养良好的气质，请先从看书开始吧，它是保持心境年轻与外表光彩的最大捷径，它能让你随着岁月的流逝而变得优雅、睿智！

5. 提升气质的最大捷径，在于读一流的书

读书给你带来三样东西：情怀、胸怀和气质。而一个人的情怀、胸怀和气质绝对是长远能把事情做下去的最好的三个动力。

——俞敏洪

北大外文系毕业的王强是新东方创始人之一，他曾说过这样一段话："英文系、图书馆系、中文系的学生，为什么能创建出各种成功的企业？在我看来，或许是因为他们对知识的渴望超过一切。这种渴望，很大程度上是通过阅读经典现实的。"可见，成就一流人生，源于对知识的渴望和对一流书籍的品读。同时，这些企业家之所以成功，除了得益于书中的知识外，还在于读书塑造了他们超拔的领袖气质，这种气质足以令众人倾倒，使他们成为众人中的佼佼者。

新东方创始人俞敏洪在谈及读书与气质塑造的关系时，曾这样说道："读书给你带来三样东西：情怀、胸怀和气质。而一个人的情怀、胸怀和气质绝对是长远能把事情做下去的最好的三个动力。……这么多年来，我有很好的看书习惯，你们肯定没有我忙，我从今年的 1 月 1 日到现在，不到 3 个月的时间里，我一共读了 60 多本书，都是真正能给人带来思考的书籍。我读的都是历史学、哲学书，还有现代商业潮流和未来世界发展方向的书。我已经做了三万多字的读书笔记。所以说，人生是要学习的。曾有人问我，'俞老师，你已经站得那么高了，为何还

要读书呢？'因为确实只有书中的思想才能够引导你走向未来。大家都知道人是一个受思想指引的动物，你的思想去哪里就会走到哪里。……同学们要大量地读书，海内外的书都要读。什么书都拿来读，这样多种思想冲击碰撞以后，你才会通过自己的思考形式形成自己的世界观、人生观、价值观，你就能成为世界上优秀思想家的集大成者。……另外，读书对塑造个人的精神气质作用非常之大，书读多了，你的智慧、谈吐，甚至穿着、举止都会得到提升，可以说，它是塑造个人气质的重要因素。"

的确，北大所培养出来的文化巨匠和商业名流，皆因为受书籍的浸染。正如北大毕业的王强所说："北大之所以塑造出了诸多的企业家，皆在于北大给予了我们一样东西，就是如何塑造生命的东西，使我们对知识的渴望超过一切。"

读书固然可以提升个人气质，但是能提升个人气质的最好方法，在于读一流的书，那是真正值得我们投入智力、精力、花费去读的书。对此，王强也有类似的看法："我觉得读书一定要读一流的书，做人一定要做一流的人。我认为我人生最大的捷径就是，用时间和生命阅读和拥抱了世上一流的书。"许多北大企业家，正是因为将经典书籍奉为人生的必修课，经常读那些能改变我们生命轨迹的书，才让他们无论走到哪块领域，都能比别人走得稍远一些。因为那些书不是字，是生命，而这些生命对读者的生命来说，是一种引领。

所以，要快速地提升你的气质，从现在开始，先养成读书和读好书的习惯吧。要尽可能地将更多的时间用在阅读名著上，那些娱乐的、通俗的书籍会被时间淘汰，保留下来的已经不仅仅是一本书，而是人类思想和经验的精华。读好书，会花掉更多的时间，但你是在与伟大的思想和不朽的经验碰撞和交流。不管你有什么样的学历和教育背景，都可以通过阅读接受教育、改变人生。阅读是一个丰富的精神旅程，一旦你养成了阅读的习惯，投入其中，你便会体验到什么叫滋养和心灵的成熟。

第 2 章

将"真诚"沁入肺腑，你将处处
受人青睐

有人说，风度、教养和真诚是装不出来的，是一个人气质最真实的流露。要让人能接纳你，首先要对人流露出你的真诚，否则，会让人觉得你是个虚伪、狡诈的人，这样的人是难以赢得他人的欢迎和信赖的，更别说有魅力了。北大人认为，在人所有的品格中，"真诚"是最受人推崇和欢迎的。所以，要提升个人气质，首先就要学会真诚，真实地做自己，袒露自己，诚信地对他人负责。

1. 好人缘源于真诚地向他人袒露自己

无论什么东西都不能建筑在虚伪和牛皮的基础上。

——傅鹰（物理化学家，曾任北大教授）

良好气质的培养，离不开崇高人格的蓄养。而在所有正直的人格中，真诚是最受人所推崇的。在 1968 年，美国心理学家安德森列出 550 组描写人的形容词，并让大学生们指出他们所喜欢的品质。统计结果表明，评价最高的人格品质是"真诚"。在其他 8 组评价最高的形容词中，也有 5 组与真诚有关，它们分别是诚实的、忠实的、真实的、信得过的和可靠的；而评价最低的品质是说谎、假装和不老实。这个试验表明：如果别人认为你是一个很坦诚的人，你就会大受欢迎，很容易建立良好的人际关系。

北大人认为，无论在交际场合，还是在生活中，只有以心换心的坦诚和真实，才能换来他人的真心。如果你总是流于表面的虚伪，只会损害你的气质，让人生厌。

几年来，林强经常为自己的人际关系而苦恼，他发现自己总是很难向人表露心迹。每次与人初次见面，林强总能谈笑风生，聊得很不错，可是互留电话号码之后，他总是怕别人打来电话，也从不会主动给别人打电话。

他觉得，自己初次交往时的侃侃而谈，全部都是"装出来的"。他生怕别人知道自己的真实状态和真实想法，担心别人会看不起自己，担心交往越深，自己越会被人"识破"。

林强知道，良好的个人发展前景离不开良好的人际关系，但他就是不愿在朋友面前袒露自己的真诚。另外，很多朋友在评价他的时候，总觉得他是个"不靠谱"的人，于是，也总不愿主动与他联系，这也让林强失去了很多发展的机会。

不坦诚会损害人的气质，使人在他人面前的形象大打折扣。其实，将自己的不安、焦虑以及生活中的不如意，向别人坦诚地全盘托出，这种方法是克服人际关系障碍的一种良药。只要你有足够的勇气，敢于袒露真我，不作做，不虚伪，无论是大大方方地表露自己的优势，还是公开自己的不足之处，都是帮你广交朋友的好方法。

美国人本主义心理学家西尼·朱拉德曾说："一个人想要获得健康和充分的自我发展，只有当他有勇气在别人面前表现他真实的自我，并且找到自己人生的意义与目标时才能实现。"生活中，可能会有人担心，在他人面前过于表露自己的真诚，一定会招来他人的嘲笑、讥讽甚至诋毁。而实际上，这种看法是完全没必要的，因为真诚是你内心流露出的真情，世界上很少有人会不被真诚所打动。所以，你完全可以放下你的心理包袱，真诚待人，这样才能得到别人的真诚相待。

已经做销售6年的刘文海时常觉得，自己朋友很多，但在关键时刻能发挥作用的朋友却甚少。无论在厚厚的名片夹中，还是在网络聊天工具上，文海的"联系人"多数都不能直接谈业务。所以，文海就对那些"联系人"都很冷淡，尤其是在网络聊天工具上，他为了避免太多人的骚扰，还设置了"需要验证"——把他加为联系人时，需要文海本人的验证。

一天，文海在网上结识了一位曾给了他很大帮助的"联系人"阿香，因为"需要验证"，这位"联系人"第二天才被加到文海的QQ上。不过，阿香并不介意，她不但帮文海联系了业务，还建议文海他的设置改为无须验证就能加为好友。她对文海说："你这么做，确实能够屏蔽一些无聊信息和广告，但也许你会因此而失去一些客户询问和真心想和你交朋友的网友。有的客户当时没有加上你，也许过去就忘了。当你设置需要验证才能加你为好友的时候，你也就是关上了别人通向你的一扇门。"

文海恍然大悟：其实不仅仅是在网络上，不论在任何场所，要想交到更多的朋友，就要敞开你的心扉，敞开别人通向你的那扇大门。

可见，坦诚是一种人格魅力，它能让人在瞬间对你产生信赖感，从而更愿意与你进一步交往。所以，无论是在工作中还是在生活中，都表露下你的真诚和坦率吧，以心换心的真情能让你散发出迷人的气质，从而为你赢得良好的人缘。

2. 最损人气质的，莫过于内在的虚伪

偶尔真诚一下，进入了真诚角色的人，最容易被自己的真诚所感动。

——周国平（作家，学者，毕业于北大哲学系）

虚伪是一种最损人气质的品性，内心虚伪者，表面做一套，背后又是另外一套，他们往往口是心非，总能在各种场合扮演各种角色，却始终赢不得他人的信赖和好感。

一只喜鹊曾经到处宣扬说："我是个直性子，心直口快，从来不怕得罪人。"事实也的确如此，只要它遇到不顺眼的，便会指责一通，比如，它见了猪会斥责："这光吃不动的懒汉。"见了狗便嘲笑说："叫声那么大，把人吵死了。"见了驴，它则会戏谑道："蠢货，整天就知道绕着一个圈儿推磨。"

有一天，乌鸦作为树林中鸟类的总管，下山来游逛。喜鹊听到

这个消息，赶忙向前说："我真是太想念您了，能见到您，真是幸运。您的羽毛真美，您是天下最漂亮的鸟。另外，您的声音也很好听。"乌鸦走后，一群鸟便围上来问喜鹊："你平时总讲真话，这次讲的怎么全是假话。乌鸦的羽毛真美吗？乌鸦的歌儿真好听吗？"喜鹊顿时被自己的虚伪搞得很不自在，支支吾吾，答不出一句话来。这时公正的猫头鹰出来帮喜鹊作了回答。"喜鹊先生，恕我直言。你的所谓直性子，爱讲真话，有对象哇！在与自己无利害关系者的面前，你什么都敢说，什么都能说；一旦到了关乎自己利害的对象面前，你的话便言不由衷了。"

生活中的虚伪者，就如故事中的喜鹊一般，你刚开始与他接触的时候，感受不到他虚伪的一面，但是时间久了，自然便露出了本性。他们很会说话，很会讨人喜欢，但是往往会因为言不由衷而惹人反感。我们可以想象，一个总爱在他人面前吹嘘自我，假话连篇，除了让人感到肤浅之外，你感受不到其有任何的气质可言。

北大企业家俞敏洪曾说过这样一句话："凡是虚伪的，都是无行为能力的。"的确如此，一个人在他人面前吹嘘、夸耀、说假话，无非是为了让别人瞧得起他，甚至羡慕他，而这恰恰也证明了他的虚弱。有句话说，一个人夸耀什么，说明他内心缺少什么。一个内在丰盈的人，是不会在人面前表现出任何的虚伪的。

北大教授李大钊先生说："我们应该顺应自然，立在真实上，求得人生的光明，不可陷入勉强、虚伪的境界，把真正人生都归幻灭。"可见，建立在虚伪内在基础上的人生，是难以赢得人生的精彩的，这样的人因为内心虚妄，所以很难从他的脸上和身上看到任何的优雅。

作家亦舒在小说《圆舞》中有一句经典名言是说："真正有气质的淑女，从不炫耀她所拥有的一切，她不告诉别人她读过什么书，去过什么地方，有多少件衣服，买过什么珠宝，因为她没有自卑感。可见，那些真正有智慧的人，是从不向别人炫耀什么的！"在人群中，他们也是真诚的、沉静的，从不夸夸其谈，这也是一种富有吸引力的气质。所以，要修炼自己良好的气质，从脱掉内心的虚伪开始吧，无论你学识再渊博，底蕴再深厚，内心再善良，但是只要让人感受到你的不真诚，那就会大大折损你的形象气质，削减你的魅力。

3. 真诚是建立在"诚信"的基础上的

对待一切善良的人，不管是家属，还是朋友，都应该有一个两字箴言：一曰真，二曰忍。真者，以真情实意相待，不允许弄虚作假；对待坏人，则另当别论。

——季羡林

"真诚"是提升个人气质极为重要的一种内在品质。所谓的"真诚"，乃真实地袒露自我，不虚妄、不做作，态度要诚恳、诚信，让人能够信赖。而一个人是否真诚是建立在诚信的基础上的。《道德经·第二十三章》中言："信不足焉，又不信焉。"其大意是说，如果你的信誉不好，别人会经常不信任你。信誉是什么？是大家对你的看法，是大家对你的信任度。如果一个人连"信用"都不讲，何谈真诚呢？

"信"是中国文化的精华部分，无论是老子、孔子还是孟子，无不宣扬"信"对一个人乃至一个国家的重要性。具有深厚文化底蕴的北大，也很是注重弘扬"诚信"精神。北大才子周国平曾说过："在与人交往上，孔子最强调一个'信'字，我认为是对的。待人是否诚实无欺，最能反映一个人的人品是否光明磊落。一个人哪怕朋友遍天下，只要对他其中一个朋友背信弃义的行径，我们就有充分的理由怀疑他是否真爱朋友，因为一旦他认为必要，他同样会背叛其他的朋友。'与朋友交而不信'，只能得逞一时之私欲，却是做人的大失败。"曾任北大副校长的季羡林也说过，自己喜欢的人是这样的："质朴，淳厚，诚恳，平易；骨头硬，心肠软；怀真情，讲真话；不阿谀奉承，不背后议论；不人前一面，人后一面；无哗众取宠之意，有实事求是之心；不是丝毫不考虑个人利益，而是多为别人考虑；关键是一个'真'字，是性情中人；最高水平当然是孟子说的'富贵不能淫，贫贱不能移，威武不能屈'。"

古人说："德无信不行，人无信不立"。"信"是"德"的基本标准和标志，"信"是"道"与"德"的重要部分。"信"是前提，只有有了"信"，"道"与"德"才会守护万物、作用于万物。

做人更是要讲究诚信，拥有诚信的人才会得到别人的信任，才会有良好的人际关系，才能让自己在社会中立足，最终才能取得辉煌的成绩！

有一位顾客来到了一家汽车维修店，这位顾客打量了汽修店一会儿，便笑着对店主说："你好，我有一笔生意想跟你做，想必你会答应的。"

"请您讲吧。"店主诚恳地说道。

"我是一家运输公司的汽车司机，以后我都会在你这里进行汽车维修，不过你可以在账单上多写点东西，让我回去向公司报销，这样我就可以赚点外快。当然只要你帮了我的忙，少不了你的好处。"这位顾客笑吟吟地说道。

店主听了他的话，没有欣喜，反而冷冷地拒绝了。

"你这是怎么回事？我会经常来的，而且这不是一笔小生意，只要我赚了你也会赚。这不很好吗?"顾客再一次说道,但是店主还是毫不客气地回绝了。

顾客简直不敢相信眼前的这个瘦小的店主哪来的那么多硬骨头,他气急败坏地嚷道:"我看你简直就是脑子坏了,这么好的事情摆在面前,你反而拒绝了。"

谁知,那个瘦小的店主也发火了,让这位气焰嚣张的顾客滚出去。

但是,顾客并没有离开,而是伸出手重新换了一种语气说道:"我很敬佩你,先生。其实我就是那家运输公司的老板。实在抱歉,刚才我只是对您做了一个试验。我一直在寻找一家稳定的、能够信得过的汽车维修店,今天,我终于找到了。您还让我去哪里找呢?"

瘦小的店主面对眼前的诱惑,能够心胸坦荡,保持着一颗淡泊之心,实在令人敬佩。他的身材虽然瘦小,但是他那闪光的品格却一点也不"消瘦",那是厚重的诚信。

古时候,一个商人有一次出门做生意,在过河的时候船沉了,商人掉进了河里,幸好他抓住了一块木板没有被淹死。商人拼命地呼救,最后,终于被一个渔夫发现了。商人见了渔夫急忙喊道:"我是一个富商。你如果救我一命,我会给你100两黄金。"渔夫听了,便把商人救了上来。

但是商人上岸后,便翻脸不认人了。他不想守信用,只给了渔夫10两黄金。渔夫责怪商人不守信用,商人却说:"我给你的10两黄金已经够你用一辈子了。你一个打鱼为生的渔夫,恐怕打一辈子的鱼也挣不来这么多钱,你还不满足呀?"渔夫听了便愤怒地离去了。

事隔一年,商人又一次路过这条河,船不幸又翻了,正好渔夫跟同行的几个人看到了,有人想过去救人。渔夫便把去年被骗的经历告诉了他们，于是没人再想去救商人。这样商人便被河水淹死了。

这个故事便如同《狼来了》，如果你把别人的认真当成儿戏来玩弄，那么以后真的遇到了困难就没有人会信任你了，那么你最终也会被自己的行为所戏弄！因为别人被你骗多了，便不会再信你，而你的一次不守信用，便会失去别人对你永久的信任！

秦朝时候有个人名叫孙志，因为他一向说话算话，因此人们都很信任他，他在乡邻乡里的信誉度很高，再加上孙志喜欢广交朋友，因此很多人与他建立了深厚的情谊。

方圆百里的人都知道孙志，并且有这样一句话广为流传："得黄金百两，不如得孙志一诺。"因为人常说一诺千金，大家以此来形容孙志诚实守信。

后来，孙志因为敢于直言得罪了当时的皇帝，皇帝便派人去捉拿他，并且悬赏捉拿。他的那些邻居朋友听说了后，不仅没有被重金的诱惑所打动，还冒着灭九族的危险来帮助孙志，使孙志免遭抓获。

诚信能够让人获得很高的赞誉，诚信能够让人信服于你，诚信也能够给你带来巨大的精神收获！一个人如果能够诚实守信，自然得道多助，有时甚至能解救生命之危。反过来，如果是为了贪图一时的小恩惠或者小利，便失信于人，日后必定会带来很多不便，甚至让自己的声誉毁于一旦。

4. 一生都践行"言必行，行必果"

什么是诚信？就是在与人打交道时，仿佛如此说：我要把我的真实想法告诉你，并且一定会对它负责。这就是诚实和守信用。

——周国平

诚信是待人接物中最重要的资本，我们只有事事以"信"为重，才会"信"满天下。如果你是个有诚信的人，人们就会愿意接近你，甚至和你成为好朋友。不论在什么情况下，人们都知道你不会掩饰、不会推托、不会欺骗，他们清楚地知道你说的全是真话，做的全是实实在在的事情，那么，这时你就有了结交天下友的巨大资本。

史蒂芬·柯维曾在《与成功有约》一书中这样写道："如果我尝试运用人际关系这种策略或手段时，让别人做我想做的事、让别人做得更好、让别人更受激励，或是让别人更加喜欢我——而我对待他人却不够诚恳，里外不一或是虚伪狡诈——那么，长远看来，我最终还是没办法成功。我的不够诚恳会让人产生不信任，无论我做任何事，就算我运用所谓良好的人际关系技巧，别人也会认为我是在操纵、玩弄他们。无论我的辞藻多么华丽，或是我的本意多么美好，这些其实都是不重要的。如果没有他人的信任，就没有稳固的根基，也不会有长久的成功。只有拥有做人最基本的美德，你的技巧才能发光发热。"可见，诚信是一个人结交朋友，立足于现实社会的根本道德法则。所以，要提升气质，就要终其一生来践行"言必行，行必果"的行事原则。

北宋著名的文学家和政治家晏殊，素以诚实著称。大家熟悉的范仲淹、欧阳修等宋代大诗人，都曾是他的学生。

在他十四岁的时候，有人把他作为"神童"举荐给皇帝。皇帝召见了他，并要他与一千多名学生同时参加考试，结果晏殊发现考题是自己几天前刚刚练习过的，就如实向真宗报告，并请求改换其他题目。晏殊说完后，大殿上鸦雀无声。人们被惊呆了，心想：这个少年真是傻到极点了，别人想找这样的好事都找不到；他自己却要求另换题目，再考一次！宋真宗非常赞赏晏殊的诚实品质，便赐给他"同进士出身"。

晏殊当职时，正值天下太平，京城里一派歌舞升平的景象，朝廷官员几乎都是三日一宴，五日一游，过着花天酒地的生活。晏殊也喜欢饮酒赋诗，愿意同天下的文人们交往，可是他没有钱，无法参加这些活动。于是，他每日办完公事，就回到住地读书，或者和他在京城求学的兄弟们一起讨论古书中的问题。

有一天，真宗提升晏殊为辅佐太子读书的东宫官。大臣们惊讶异常，不明白真宗为何做出这样的决定。真宗说："近来群臣经常游玩饮宴，只有晏殊闭门读书，如此自重谨慎，正是东宫官合适的人选。"晏殊谢恩后说："我其实也是个喜欢游玩饮宴的人，只是家贫而已。若我有钱，也早就参与宴游了。"

通过这两件事，晏殊在群臣面前树立起了诚实的好形象，大臣们都喜欢和晏殊在一起交谈，而宋真宗也更加信任他了。

无论在商场还是交际场，诚实都是力量的一种象征，它显示着一个人的高度自重和内心的安全感与尊严感。诚实具有吸引力，会把别人吸引到你的身边。人们可能搞不清楚为什么被你吸引住了，但是他们会喜欢你，这就是诚实的好处。

在现代社会，讲诚信是经营人际关系，进行商业活动的基础，是经商最基本的道德准则，它能产生巨大的经济和社会效益，一个人如果一生都能秉持诚信，那么，他无论做什么事情都会处处顺畅。正像李嘉诚所说："不论在任何地方做生意，信用都是最重要的，一时的损失，将来可以赚回来，但损失了信誉，就什么事情也不能做了。"还有一位哲学家说："诚信固然没有重量，却可以让人有鸿毛之轻，可以让人有泰山之重；诚信虽然没有标价，却可以让人的灵魂贬值，可以让人的心灵高贵；诚信尽管没有体积，却可以让人心情灰暗、苍白，可以让人的情绪高昂、愉快。"可见，诚信能成就一个人，不诚信能毁掉一个人，所以，生活中人人都要尽力做到诚信，因为诚信是生命中最绚丽的色彩，是我们屹立于天地之间的脚下基石。

第 3 章

善良是人性中最富吸引力的"底料"

北大人认为，要修炼和提升气质，第一件事就是要学会"善良"。可以试想，一个缺乏善良、灵魂扭曲的人，你很难从他身上看到任何的美好，这样的人是毫无吸引力可言的。一个有气质的人，首先内心是向善的，是仁爱的，是宽厚的，因为它是人性中最富吸引力的"底料"，它能让人散发出温和、柔美、儒雅等美好的气息，能彰显出人性中的美好和温暖。可以说，一个善良的人，就算其外表丑陋，也能让人心生好感。

1. 人格的蓄养，要以"善良"为基底

善良是区分好人与坏人的最初界限，也是最后界限。

——周国平

气质是一种岁月的积淀，人格的蓄养，而这些都是要以"善良"为基底的。一个人就算知识再渊博，学问再高深，事业再成功，如果其人格中丧失了"善良"，那也是毫无气质可言的，其给人的只是一种贪婪、自私的丑恶面貌，只会遭人唾弃，让人生厌。所以，要提升气质，首先要学会"善良"。

北大人认为，人之所以为人，其关键就在于有善良和无私作"底料"，它是生命最美好的姿态，它能让人发酵出最醇厚、迷人的气韵。一个人若能时时以善良作"原料"，那么其在生活中只需适时地展露一些小小的动作，便能让他焕发出一种儒雅来。比如，一个感性的姿态，一个充满羞涩的眼神，一个充满爱意的抚摸，一句暖心的关怀，可爱的率真，一次坦诚的交流，真情的流露，一滴委屈的眼泪，一个恰到好处的撒娇，一次温柔的低头认错……都可以让你焕发出迷人的气质和强大的吸引力。

民国第一才女林徽因，便是一个"女人味"浓郁的女人。她内心善良，对周围的每个朋友都给予热心的关怀和帮助。她能让当时三个优秀的男子梁思成、金岳霖和徐志摩宠爱一生，除了她的容貌和才华外，无不与她时不时地施展自己的"女人味"有着极大的关系。

金岳霖曾赋予她"林下美人"的称号，可她却并不当回事儿，并以娇嗔的口吻说："真讨厌！什么美人不美人的，好像一个女人就没有什

么事可做，只配做摆设似的！我还有好多事儿要做呢！"可以想象，那一娇嗔的口答，充满了女人味。

她在香山养病期间，曾抚一卷诗书，点一炷香，一袭白色睡袍，在黄昏夜晚，在屋前的靠椅上，沐浴着清凉的月色，很是小资。看到她这样的美女，"任何一个男人进来都会晕倒"。她其实是在用展露美丽来向丈夫撒娇，这时候的林徽因女人味尽显，哪种男人能拒绝这样的女人，想让人不疼爱都难。

身为母亲，她有着极为慈爱的一面，友人曾描述这样一个情景："林徽因坐在头排中间，和她一道进来的还有梁思成和金岳霖。开演前，梁从诫过来了，为了避免挡住后面观众的视线，他单膝跪在妈妈面前，低声和妈妈说话。林徽因伸出一只纤柔的手，亲热地抚摸了爱子的头。林徽因的一举一动都充满了美感。"可以想象，此时的充满慈爱的她一定美得像一个女神。

一个女人，若内心装着"善良"，只需轻轻一个动作，便能洋溢起十足的"女人味"，让人回味无穷。同样，一个男人，若内心装着"善良"，即便一个笑容、姿势，便能呈现出儒雅来。所以说，"善良"是人性中最美好和闪光的"底料"，它使人称赞，让人心生崇敬，是最迷人的气质。

北大学者周国平指出：一个人的外表可以平凡，但内在的东西却可以使这个人不平凡。善良是一种高贵的气质，它可以令你在人群中散发出非凡的光芒。可以说，善良是一种温暖的"光辉"，是一种绵延在人一生中曲折回环的天性，它能使女人柔和，能使男人儒雅，并时刻能以一种美好的姿态看待事物。其目光所及之处，就像一台过滤机，在种种复杂的人性中，抽取美好、婉转的，原谅生硬、过错的。它能使人对人世、对人间，都怀有一种大悲悯，亦正是这种悲悯，让人获得了迷人的气韵。

2. 心存仁厚："仁"是善良的至高境界

觉得教育之道就是以良知、理性、仁爱为经，以知识、科技、创新为纬，造就新一代人格平等、思想自由、精神独立的国民。

——俞敏洪

良好的气质离不开"善良"的滋养，而善良的至高境界便是"仁厚"。北大作为中国文化的殿堂，其以包容并兼的思想理念培育出了一代又一代的仁人志士。陈独秀、李大钊、鲁迅、蔡元培、胡适等人，无不是怀着仁爱与恕道的中国士大夫精神，以及强烈的忧患意识和责任心，积极救亡图存，在中国历史上留下了浓墨重彩的一笔。

汉语中有个成语叫"宅心仁厚"，宅，即存、居，指人忠心而厚道，居心仁爱而待人宽容。这是中华文化中的精华部分，值得每个当代人去宣扬和传承。

曾任北大副校长的季羡林，曾经被人尊为"仁者"。这种称谓并不是别人凭空强加给他的，而是因为他身上确实有着"仁厚"的气质。作为享誉海内外的学术大师，他根本没有半点架子和派头。他个性平和、宽厚、朴实。有位学者曾这样评价他说："季老的不寻常之处恰恰就在于他的'平常'。"他衣着朴素，总是穿着一身洗旧了的卡其布中山装，以致来报到的新生误认他是老校工，让他代为照看行李。他安详恬静，从不疾言厉色，"表面上严肃得有点让人敬畏，内心却是滚烫的"。他总是以平和博爱的胸怀，真诚丰富的感情待人对物。他喜爱动物花草，甚至"经常为一些小猫小狗小花小草惹起万斛闲愁"。他宽容和谅解了"文革"中痛打和折磨过自己的人，不记仇，不报复，而且自我反思道：

在当时那种气氛中，每个人都 "异化" 为 "非人"，"焉敢苛求于别人呢?" 他这种 "洞明世事，反求诸躬" 的高尚品格，赢得了众人的钦敬。

其实，北大除了季羡林，还有近现代的著名学者陈寅恪、王国维、蔡元培、刘师培、袁行霈、鲁迅等学者，他们身上无不闪现着 "仁爱" 的气质。他们坚毅的气节和情操，心怀人文主义的知识分子自由独立精神，尊重个性和人格的平等观念，开放的创新意识等等，都在他们身上得以淋漓尽致的体现。正因为如此，他们才能够做大学问，成就大事业，有大贡献，也是中国现代知识分子的旗帜和榜样。

有人说，宽厚仁爱者，其容颜也会变得俊朗、美丽，因为相由心生，一个人只有改变内在，才能改变面容，一颗阴暗的心托不起一张灿烂的脸。有爱心必有和气，有和气必有悦色，有悦色必有婉容。所以，仁厚可以从内而外地改变一个人的气质。还有位哲学家指出，人身体的康健、寿命的长短与财富、地位、学识、美丑都是无关的，但是却跟 "慈悲心" 有很大的关系。一个心存仁厚的人，一定会因为内心的安宁而将生命延长到至境。

传说有五个人在离城不远的森林中修行，其中有一位老师父得了道。他收了一名弟子，是一个八岁的孩童。

那位老师父知道孩童的寿命只剩下七天。他在心里想："这个孩童死了，他的父母一定会认为是我照顾不周，才发生意外，定会心存怨恨。" 因此，师父就对孩童说："你的双亲很想念你，你可以回去探望父母了，八天之后再回来见我。"

这位小孩子听罢此话，很是欢喜，便依师父所说下山去了。

孩童走到半路，天上开始下起大雨。当雨水快要流进蚂蚁窝时，他便很快用土把雨水挡住，使雨水没有淹入蚂蚁窝。

孩童回家后没有发生任何变故，当到第八天早晨时，他又回到师父那里。老师父见到孩童回来，感到十分奇怪。后来，他才得知，原来是因为小孩童救了蚂蚁而延长了寿命。

老师父说："你做了大功德，你自己不知道吗？"

孩童天真地望着师父说："我八天都在家里待着，会有什么功德呢？"

老师父说："你的寿命原本只能活到昨天，因为你救了许多蚂蚁，所以寿命延长到了八十多岁。"

孩童听了老师父的话，心中很是喜欢，从此更为精进用功修行。

这虽然只是一个故事，但体现了仁爱的力量，它是无敌的，是比生活中任何高明的手段都强大的力量。所以，生活中，要得到"善果"，那就先学会施予真诚的仁爱吧，它会让你的人生收获意想不到的硕果和惊喜。

3. 开启"爱心之窗"，骨子里便能透出优雅

在与幸福有关的各种因素中，爱无疑是幸福的最重要的源泉之一。

——周国平

周星驰在《唐伯虎点秋香》中说了这样一句台词："原来世界上最美的笑容，就是充满爱心的笑容。"内心充满爱的人，其气质远比那些外表靓丽的人更加能让人喜欢，因为心灵美是优雅的永动力，一个人若能打开"爱心之窗"，那骨子里都能透出优雅的气质来。要知道，优雅须先修心，修于心才能形于外，优雅的气质则自然地流露。《巴黎圣母院》中的卡西莫多是世界文学史上最丑的人，但是在读者和观众看来，他实在要比那位卫队长和神父美丽得多。读者和观众之所以会有这样的审美感受，主要是因为他有一颗善良美丽的心。所以，与其装扮外表，

不如打开自己的"爱心之窗"。

北大人认为：良好的气质固然要靠外表的支撑，但这些外表的美在岁月面前却显得不堪一击，只能得一时，然而心灵的美却能够影响人一辈子。它不怕岁月的流逝，在岁月的沉淀下，会显得越发珍贵和真实。有人说："当一个人拥有爱心的时候，他的骨头里都透着优雅。"可以试想，当一个人冷酷地从那些需要帮助的人身边无情地走开的时候，缺乏修养和爱心已经在他身上定位了，你会觉得他的气质能好到哪里去吗？

威斯汀夫人准备去参加梅尔夫人家举行的舞会。那天，天还没有亮，威斯汀夫人便早早地起床，吩咐女仆点上蜡烛，开始为自己梳妆打扮了。威斯汀夫人由于年纪不小了，头发有些稀疏，所以就戴着假发。为了能够让自己的假发看上去天衣无缝，女仆们反复戴上，取下，再戴上，再取下，这样折腾了一个小时。为了让自己看上去容光焕发，女仆们为她描眉、化妆，又是一个小时过去了。

外面的马车车夫已经等候多时了，威斯汀夫人却还没有准备好走出来。天气寒冷，还下着雪，车夫没过多久脚就冻僵了。因为去往梅尔夫人家，需要走好远的路，车夫提醒了威斯汀夫人，应该上路了。但是她毫不理会，站在镜子面前，不断开始试穿礼服。当这一切都准备好了，她才慢悠悠地登上马车，前往梅尔夫人家。

在威斯汀夫人到达梅尔夫人家的时候，舞会已经进行到了尾声。威斯汀夫人十分的生气，她穿着高跟鞋，一脚踢到了车夫的肚子上。虽然威斯汀夫人打扮得十分漂亮，但是宴会里的男人却没有人请她跳舞。主持宴会的梅尔夫人扶起车夫，并给他递过一杯热水，安排他到休息间等太太。当主角梅尔夫人站在舞会中间宣布舞会结束时，下面的人不禁地感叹："上帝啊，这是多么气质的女人啊，她看上去太美丽了。"

威斯汀夫人非常不高兴，她走上舞台，却因为裙子太长而摔到了地上。人们传来了一阵哄笑声，她急忙爬起来，这时候了一阵风，威斯汀太太的假发被吹掉了，大家又是一阵哄堂大笑。威斯汀夫人站在那里喊了一句"不许笑"，结果却晕倒了。为了不发胖，她已经三天没吃饭了。

很多人都会为威斯汀夫人的愚蠢而感到好笑，却忘记了自己身上也有的一些缺陷，也会每天对着镜子耗费大量的时间。其实一个人外在的缺陷远没有内心的缺陷恐怖，靠外在的美丽吸引别人只得一时，而内心的美丽却能够让人永世不忘。外在的美丽无法得到永恒，在这个世界上，只有善良这个美德才是唯一永不凋零的花朵。

这个世界因为善良而变得温暖，也因为有爱心而变得更加美丽。爱心就是善良的体现，是做人的根本。优雅的气质必须具备爱心，爱心能让人看到你身上的优雅气质。当你给予别人帮助的时候，你的形象顿时价值攀升百倍。

4. 日行一善，每天修善灵魂一点点

就像使沙漠显得美丽的，是它在什么地方藏着的一口水井，由于心中藏着永不枯竭的爱的源泉，最荒凉的沙漠也化作了美丽的风景。

——周国平

要提升和修炼良好的气质，第一重要的就是要学会善良。北大人认为：真正的善良并不是单单指那种在大是大非中保持慈悲之心的大善，还指生活中无须提醒的自觉做善事的小善。北大特聘教授叶舟先生曾指出：生活并非是由伟大的牺牲构成的，而是由一些小事情，比如，微笑、善意和小小的职责所构成的。生活中最美好的东西便是无微不至的关怀，善意的语言使人产生精神的共鸣，让人感到欣慰、安宁和舒适，并由此产生美好的想象。

其实，叶舟是告诉我们，行善要从生活中的一点一滴开始，并不是需要你去行大善事，做大牺牲。唯有从细微处着手，行小善，才能让自己的心灵不断地充满善意。为此，我们要深刻反思自己每天的行为，是否在行善。只要你每天进步一点点，积沙成塔，汇流成河，心中总怀善念，多做点善事，久而久之，你就会习以为常，我们就会成为一个处处与人为善的人，同时，你也将获得意想不到的收获。

《读者》中曾经刊登了这样一个故事：

他父亲是位大庄园主。

在 7 岁之前，他曾经过着钟鸣鼎食的生活。在 20 世纪 60 年代，他所出生的那个岛国，突然掀起了一场革命，他失去了一切。

当家人带着他在美国迈阿密登陆时，全家所有的家当，是他父亲口袋里的一沓已经被宣布废止流通的纸币。

为了能在异国他乡生存下来，从 15 岁开始，他就跟随父亲打工。每一次出门前，父亲都曾这样告诫他说："只要有人答应教你英语，并给一顿饭吃，你就留在那儿跟人家干活。"

他的第一份工作是在海边的小饭馆里做服务生，因为他很勤快，而且还好学，很快便得到老板的赏识。为了能让他学好英语，老板甚至还把他带到家里，让他和他的孩子们一起玩耍。

一天，老板告诉他，给饭店供货的食品公司招收营销人员，假如乐意的话，他愿意帮助引荐。于是，他获得了第二份工作，在一家食品公司做推销员兼货车司机。

临去上班时，父亲便告诉他说："我们祖上有一条遗训，叫'日行一善'。在家乡时，父辈们之所以成就了那么大的家业，都得益于这四个字。现在你到外面去闯荡了，最好也能好好记住它们，并且去践行。"

也许就是因为那四个字吧，当他开着货车把燕麦片送到大街小巷的夫妻店时，他总是做一些力所能及的善事，比如帮助店主把一封信带到另一座城市，让放学的孩子顺便搭一下他的车。就这样，他乐呵呵地干了四年。

在第五年，他接到总部的一份通知，要他去墨西哥，统管拉丁美洲的营销业务，理由据说是这样的：该职员在过去的四年中，个人的推销量占佛罗里达州总量的40%，应予以重用。

后来的事，似乎便有些顺理成章了。他打开拉丁美洲的市场后，又被派到加拿大和亚太地区，在1999年，他被调回了美国总部，任首席执行官。就在他被美国猎头公司列入可口可乐、高露洁等世界性大公司首席执行官的候选人时，美国总统布什在竞选连任成功后宣布，提名卡洛斯·古铁雷斯出任下一届政府的商务部部长，这正是他的名字。

现在，卡洛斯·古铁雷斯这个名字已经成为"美国梦"的代名词。然而，世人很少知道，古铁雷斯成功背后的故事。前不久，《华盛顿邮报》的一位记者去采访古铁雷斯，就个人命运让他谈点看法。古铁雷斯说了这么一句话："一个人的命运，并不一定只取决于某一次大的行动。我认为，更多的时候，都取决于他在日常生活中的一些小小的善举。"

后来，《华盛顿邮报》则以"凡真心助人者，最终没有不帮到自己"为题，对古铁雷斯做了一次长篇报道，在这篇报道中，记者说，古铁雷斯发现了改变自己命运的简单的武器，那就是"日行一善"。

看来，帮别人便是帮自己。用中国的一个成语说就是"善有善报"。日行一善，莫拘泥于这字眼儿，一定"要每天做一件好事"，只要看到别人需要帮助，就慷慨地伸出你的援助之手吧，感受帮助别人的快乐。还要记住一句话：好人一生平安。

第 4 章

涵养是支撑气质的主要内在力量

支撑一个人内在气质的主要力量是涵养，它也是厚重人格的重要体现。一个有涵养的人，其举手投足间所透出的那种姿态、恰到好处的处事方式，都会给人留下良好的印象。凯洛夫说："天赋仅给予一些种子，而不是既成的知识和德行。这些种子需要发展，而发展必须要借助教育和教养才能达到。"约翰·洛克说："在缺乏教养的人身上，勇敢就会成为粗暴，学识就会成为迂腐，机智就会成为逗趣，质朴就会成为粗鲁，温厚就会成为谄媚。"可见，一个人的人格需要涵养去支撑，气质更需要涵养去支撑。

1. "内涵"是一种养分，能让"气质"之树枝繁叶茂

女人比男人心理上更依赖，所以女人看男人，看内涵和背景，长相是次要的，内涵决定未来发展潜力，背景决定未来生活状态。

——俞敏洪

北大人认为：一个人的良好气质源于其内在的涵养，这种涵养主要表现为植根于内心的修养，无须提醒的自觉，以约束为前提的自由，为别人着想的善良。凡有内涵者都会集稳重、温厚、亲切、和善、诚恳、高尚、笑容于一体，这些优秀的品性都是极丰厚的"养分"，能让人的"气质"之树枝繁叶茂。所以，要做到气质出众，除了穿着得体、说话有分寸外，还要懂得用内涵时时地给"气质"之树添肥加料，让自己拥有时间打不败的"美丽"。

在由十几家主流媒体联合主办的"中国最美50名女人"评选活动中，长相平平的于丹入围前十名，成为当之无愧的"美丽之星"。

其实，与一些长相漂亮的明星相比，于丹的相貌并不出众，但深厚的知识底蕴却让她从内而外散发出一种傲然的气质之美，她对古代文学的独特看法，对淡定人生的精妙解答，足以为她成功的人生保驾护航，一部《于丹论语心得》，独到、精辟地谈古论今，感情激荡，灵魂升华，便是最好的见证。

由此可见，有内涵的人自身分量便会重很多，脚步也踏得最稳当，在人生路上她会具备抵抗泥泞坎坷的力量，在日积月累的磨炼中越发强韧。那些仅靠艳丽的外表，奢靡的生活和狂傲的青春之美来博得大众主流的认可，则显得极为肤浅。要知道，鲜花再艳，总有凋零的时候。一

个人，尤其是女人，若单有美貌而缺乏深厚的内涵，她就如缺失垫片的鸡毛毽子，空有一时的飘舞灵动，却失去长久的紧实的脚跟，唯有零落成泥碾作尘。

对于一个人来说，拥有俊朗和美丽的外表是一种幸运，而能够给这种外表不断输送养分的则是深厚的内涵。内涵是一个人在一颦一笑间蓦然聚集于身上的一道五彩光环，是一个人在举手投足间不自觉的气韵外露，也是一个人内在深厚底蕴的外在体现，它不是一种表面功夫。那些胸无点墨、出口成"脏"的人，即便是外表装饰得再华丽，也毫无气质可言，反而给人一种粗俗、肤浅的感觉。北大企业家俞敏洪说过这样一句话："内涵是一个人真正的美，它是贯穿一个人终生发展的主线。没有它，气质只会低下头，漂亮也只能减半。"可见，内涵对个人气质提升有重要作用。当然，要做一个有内涵的人，最重要的就是要学习、读书。因为书籍、知识、思想、才艺等都能丰富一个人的内心，这些"养分"是源泉，可以透过一根根血脉、一条条经络浸润一个人的容貌，提升其品位和内涵。北大作为中国文化的神圣殿堂，其深厚的知识底蕴滋养了北大人，让他们的"美丽"得以延续，春春永葆，激情长存，显得更为雅致。

英国作家巴里曾说："内涵仿佛是盛开在人身上的花朵，有了它，别的都可以不要；没有了它，别的起不了作用。"可见，内涵对一个人的重要性。可以说，内涵是一种神奇的资源，能让一个外表平凡的人焕发出动人的光彩。那些法国沙龙里的女人通常不是很年轻，但她们却能凭借过人的智慧和深厚的涵养使那些头戴金冠的国王相形见绌。在很多场合，当人们谈话陷入僵局之时，这些聪慧的女子能轻而易举地使整个局面改观。也许她们并不美丽，也并不年轻，但她们能将每个人的目光都吸引过来，成为大家所追捧的对象。由此可见，一个人身上持久的吸引力并不源于其光鲜靓丽的外表，而源于发于内心的涵养，它能让一个人变得光彩熠熠！

2. 良好的"教养"，能让人焕发出强大的"气场"

文明之对于不同的人，往往进入其不同的心理层次。进入意识层次，只是学问，进入无意识层次，才是教养。

——周国平

北大企业家俞敏洪曾说过这样一句话："你可以貌不出众，可以平淡无奇，甚至可以资质愚钝，但是不可以没有教养。一个人的良好气质，必须首先要有教养。"可以想象，一个粗俗无礼，张口便大声叫嚷，随地吐痰，说话尖酸刻薄，斤斤计较的人，纵使外表再光鲜，也会让人心生鄙视，哪会让人心生好感呢？相反，如果一个人说话总是和蔼可亲、举手投足都彬彬有礼，尊敬长辈，知书达理，在公众场合表现得端庄大方，不做作，不轻浮，带给人的则是一种精神上的愉悦，充满了致命的吸引力。所以，要做一个受欢迎的有良好气质的人，一定要先有"教养"。

思想家勃克曾写过这样的话："教养比法律还重要……它们依着自己的性能，或推动道德，或促成道德，或完全毁灭道德。"什么是有教养的人？教养不是随心所欲，唯我独尊，是善待他人，善待自己；认真地关注他人，真诚地倾听他人。真正的教养来源于一颗热爱自己、热爱他人的心灵。"己所不欲，勿施于人"就是对教养最好的诠释。

教养是一个人永恒的气场源，一个没有教养的人，无论他/她长得有多俊美、漂亮，都不会受到人们的欢迎。正如约翰·洛克所说："优良的品德是内心真正的财富，而衬显这品行的就是良好的教养。"可以说，教养是一个人良好气质的源泉。所以，要提升气质，增强个人吸引力，就主动去做一个有教养的人吧。生活中，想使人看起来"有教养"，要做到哪几点呢？对此，北大人认为：一个有教养的人，应该至少做到以下几点：

（1）守时。

无论是开会、赴约，有教养的人从不迟到。他们懂得，即使是无意的迟到，对其他准时到场的人来说，也是不尊重的表现。

（2）谈吐有节。

注意从不随便打断别人的谈话，总是先听完对方的发言，然后再去反驳或者补充对方的看法和意见。

（3）态度和蔼。

在同别人谈话的时候，总是望着对方的眼睛，保持注意力集中，而不是翻东西，看书报，心不在焉，显出一副无所谓的样子。

（4）语气中肯。

避免高声喧哗，在待人接物上，心平气和，以理服人，往往能取得满意的效果。扯开嗓子说话，既不能达到预期目的，还会影响周围的人，甚至使人讨厌。

（5）注意交谈技巧。

尊重他人的观点和看法，即使自己不能接受或明确同意，也不当着他人的面指责对方是"瞎说""废话""胡说八道"等，而是陈述己见，分析事物，讲清道理。

（6）不自傲。

在与人交往相处时，从不强调个人特殊的一面，也不有意表现自己的优越感。

（7）信守诺言。

即使遇到某种困难也不食言。自己说出来的话，要竭尽全力去完成，身体力行是最好的诺言。

（8）关怀他人。

不论何时何地，对妇女、儿童及上了年纪的老人，总是表示出关心并给予最大的照顾和方便。

（9）大度。

与人相处胸襟开阔，不会为一点小事情而和朋友、同事闹意见，甚至断绝来往。

（10）富有同情心。

在他人遇到某种不幸时，尽量给予同情和支持。

3. 有涵养者必要有稳定的情绪

在较量中，情绪激动的一方必居于劣势。

——周国平

一个气质良好的有涵养的人，首先是情绪稳定的，并且在任何时候和在任何情况下，都能够掌控自我的情绪，不失控、不纠结。

歌德说："谁不能主宰自己，谁就永远是一个奴隶。"主宰自己，主要指主宰自己的情绪，这是干大事者所必备的能力，也是一个人有内涵的重要表现。可以试想，一个人动不动就与人发生矛盾、冲突，动不动就因为一点小事而发怒，总是一脸怒气，对谁都阴着脸，这样的人，你能从其身上看出其气质吗？

星期天，张波与一伙朋友闲聊时谈及一位朋友："那个家伙什么都好，就是有个小毛病，就是脾气太过暴躁，爱生气。"谁知，被说的那个人刚好路过，听到了这句话，马上怒火中烧，立即冲进屋中，捉住张波，拳打脚踢，一顿暴打。

众人赶忙上前劝架说道："有什么话，好好说，为何非要动手打人呢？"而对方则怒气冲冲地说道："此人在背后说我坏话，还冤枉我脾气暴躁，爱生气，所以就该打！"众人听罢，便说道："人家没有冤枉你啊，看你现在的样子，不是脾气暴躁是什么呢？"对方立即哑口无言，灰溜溜儿地走了。

这个故事说明，轻易在人前展露自己的坏情绪，完全是智慧不够的产物。情绪波动大的人，遇到一点不顺心或不愉快的事就会怒不可遏，立即上去乱打一通，结果却让事情变得越来越糟糕。其因为智慧不够，所以对周围的世界与事物看不透，分不清，所以极容易生出怨气和怒气来，长此以往，只会让众人远离，将自己推入绝境。一个内心强大，真正富有智慧的人，其内在思想是丰盈的，他对这个世界、对社会和人生都有一套较为完整的看法，所以，无论遇到何事何人都会保持淡定和从容。同时，他们无论在任何情况下，都会及时转换心态，获得快乐。所以，要修炼气质，提升个人涵养，请先学着管好你自己的情绪吧。

北大作为中国教育史上屹立百年之久的名校，从来不将学习成绩作为衡量一个是否能成才的唯一标准，而是将健全的人格、达观的智慧、稳定的情绪、平和的内心、和谐的身心，作为判断一个人能否成功的关键。北大人认为：一个人的稳定情绪并不是先天形成的，而是在后天身心修炼过程中所获得的一种综合能力。练就稳定的情绪并不是件容易的事，它要求一个人时刻要有清醒和正常的"自我认知"，在物质和精神的变换过程中拥有"自省"的能力，在人际交往中可以快速地"识别情绪"，面对悲伤和困难知道如何"整理情绪"。培养内涵就像修炼内功，是一个持久积累、缓慢释放的过程，并且不露痕迹。

4. 不要逢人就诉说你的愁苦和遭遇

控制不了情绪就做不了大事。

——俞敏洪

生活中，还有一种暴露你内涵浅薄的表现，就是逢人就诉说你的艰苦和遭遇。这种人是十足的"怨妇"，他们总将身边的人当成自我情绪发泄的"垃圾桶"，逢人就诉苦、抱怨，如祥林嫂般，这样的人，其周身都散发着"霉气"，哪会有内涵和气质可言呢？

有一只小猴子，肚皮被树枝划伤了，流了许多血。它见到朋友便扒开伤口说："你看看我的伤口，可痛了。"每只看见它伤口的猴子都会安慰它，同情它，告诉它不同的治疗方法。于是，它就继续给朋友们看伤口，继续听取他人的意见，后来它便感染而死掉了。一只老猴子很是遗憾地说："它是自己伤自己而死掉的。"

这个故事告诉我们：痛，说一次就复习一次。生活中，很多人也在做像小猴子一样的事情。他们装了满肚子的苦水或痛苦，不断地向他人吐露：生活压力太大，儿子不听话，上司不理解自己，被领导批评，物价上涨……总之，只要稍不顺心，就会抱怨不止，并且抱怨时也不看对象，成为名副其实的"怨妇"。

对于这样的人，心理学家指出：生活中，无论是幸福还是悲苦，只要一经他们的情绪过滤，就会变得更幸福或者更悲苦。沉浸在自我情绪中的人，稍微遇到一些不顺，便会给自己编故事，把自己的境遇添油加醋地修饰，让别人觉得自己已经到了惨不忍睹的地步。这样的人夸大悲苦的事实，其实是希望全世界的人都能站在他这一边，心疼他，怜惜他，并给予他安慰或同情，然后获得心理上的平衡和安慰。

事实上，当一个人习惯了让自己沉浸于悲苦中，不断地向周围的人诉说，那么，其未来的日子便离悲苦不远了，因为日后他会觉得周围的世界越来越不公平。这种心理暗示，总有一天，会真的让他处于悲苦之中，这便是悲苦的自我催眠作用。生活中，许多悲苦的怨妇，都是这么养成的。

露西毕业于美国一所著名的学校，毕业后得到了一份待遇较好的工作，生活还算令人羡慕。但是她有一个缺点，那就是爱抱怨。她总是牢骚满腹，不是抱怨这个，就是抱怨那个，仿佛全世界的人都对不起她一样。在工作中，她不是抱怨那个太笨，就是抱怨这个太工于心计。在朋友圈中，她会当着一个朋友说另一个朋友的不好，好像这个世界上所有的事情都是令她讨厌的。

有一次，露西又和一位同事抱怨上了："你不知道，我们公司其他部门的人太有心计了；老板太小气了，用人特别狠，总想用最少的钱让我们干最多的活，每天把我给累得不行，真的想辞职不干。还有我们公司的副总，一天到晚自己不干活，还不停地训斥别人，真是无法忍受了……"总之，她将公司所有的人都指责了一番。

一开始，面对露西的抱怨，朋友和同事都会好言相劝，让她摆正心态，但是慢慢地，他们见到她后，都会躲之不及。公司的同事和朋友给她起了一个外号叫"怨妇"，没有了朋友，露西整个人真的就变得抑郁起来，感受不到任何的快乐！

要知道，每个人都不想成为他人情绪的"垃圾桶"，你无穷尽的抱怨，会给人带来极大的负面的影响，就好像将他人置于阴雨连绵之中，见不到一丝阳光。生活中，没有人喜欢生活在那样的环境中，为此，人们见到那些爱抱怨的人，一定会退避三舍，敬而远之，而爱吐苦水的那个人，也自然变得阴郁起来了，这是一种无涵养的表现。所以，你要真正地想从苦海中脱离出来，首先，请为自己解除自我催眠吧！

5. 就算不才高八斗，也绝不能腹中空空

后一代的人必须读书，才能继承和发扬前人的智慧。人类之所以能够进步，永远不停地向前迈进，靠的就是能读书又能写书的本领。

——季羡林

内涵是一个人内在知识、智慧、气度等构成的一个人的涵养，也就是说，一个有涵养的人，必须大脑充盈。正如北大企业家俞敏洪所说："一个富有内涵的人，是达观的，是低调的，是温润的，是娴静的，是不动声色的，是口吐莲花的。这样的人，无论走到哪里，都能带给人一种稳重、踏实的感觉，使人着迷。"

一个气质良好者，一定是充满智慧的。而腹中空空的人，就算外表再俊朗，也只是徒有一副空皮囊的"花瓶"。可以想象，当一个人对你说，他去过曼谷，而没去过泰国时，就算他外表再光鲜，你会觉得他有气质可言吗？所以说，内在的智慧和知识是提升一个人气质最不可缺少的因素。

北大作为中国文化的重要基地，培养出了无数的各界精英，无论是

机敏、智慧的学者周国平，还是幽默有深度的商界精英俞敏洪，他们每次开口讲话时的气度以及言语间透出的智慧，便足以使他们充满了迷人的魅力，这便是气质的力量。所以，一个人要想提升个人气质和魅力，就算你不才高八斗，也绝不能腹中空空，否则会增加你的俗气，降低你的吸引力。

梅琳与男友在一起已经三年了，在梅琳眼中，男友稳重、体贴，是个标准的好男人。然而，几天前男友却向她提出了分手，原因是男友觉得梅琳太无知。

梅琳住在市郊的一个小区，多年来，她一直不断地在男友面前嘲笑对面邻居的太太很懒惰："那个女人的衣服，怎么永远也洗不干净。看，她晾在院子里的衣服，总是有些斑点。我真的不知道，她怎么把衣服洗成那个样子？我甚至有些忍受不了，几乎想到她家里去责问她为什么总是不认真做家务？"

有一天，男友终于听厌烦了，就到厨房拿了块抹布，将家里窗户上的污渍抹掉，对梅琳说："看，别人家的衣服是不是变干净了？是你懒惰还是人家懒惰？以后别再说了！"

平常因为一些极简单的问题，她都要大惊小怪：电脑出现一点小问题了，就对男友大呼小叫；工作中，经常因为乱说话，与同事发生冲突……而这些都是男友无法忍受的。

一个头脑简单的无知者往往是盲目尊大、目空一切、好高骛远的，这样的人除了让人感到其是一个市井俗人外，让人感受不到他有任何的气质。

那么，如何才能摘掉自己身上"无知"的帽子呢？

要时刻学会反思自我、审视自我、把握自我。"吾日三省吾身"，反思自己的所作所为、所思所想，明了自身的长短优劣，不断矫正自己。

同时，平时要多花些时间来读读书，以充实自己。"腹有诗书气自华"，当你成为一个学识丰富、见识广博的人时，无须刻意的装扮，你周围的朋友也一定会为你的气质所倾倒。所以，要让自己更优雅，更具魅力，看上去更有气质，那就多读些书让自己更具智慧吧。

第 5 章

气质是条船，自信者方可轻松驾驭

　　良好的气质需要十足的底气去支撑，而这种底气，除了内涵外，则主要源于一种打不垮的自信。自信是一种极具张力的特质，它能让人冲破懦弱、自卑与种种自己所设定的障碍，并以强者的姿态屹立于人生不败之地。可以说，如果人的气质是条船的话，那么唯有自信者方能轻松驾驭，否则，一个内心懦弱、自卑者，其眼神中所流露出的弱者姿态，让人难以感受到其强大的气场，是毫无气质可言的。

1. 良好的气质，需要十足的底气去支撑

我丝毫不否认自信在生活中有着积极的用处。一个人在处世和做事时必须具备基本的自信，否则绝无奋斗的勇气和成功的希望。

——周国平

美国作家爱默生曾说过："自信是对自我能力和自我价值的一种肯定，在影响个人气质的诸要素中，自信是首要因素，有自信，才有气质。"可见，自信是塑造气质最为重要的因素，它不可或缺。可以想象，一个常将自己放于弱者位置，内心自卑、目光游离、说话没分量的人，是永远不会散发出强大的气场的，而一个无气场的人，又怎么有气质可言呢？可以说，气质是一道门槛，那些缺乏自信的人，是无权入内的。相反，一个自信的人，其昂首挺胸、目光坚定、脸上常露微笑的样子，不就是对气质的最好诠释吗？

北大企业家俞敏洪在一次演讲中说过："自信是一种极具张力的个性，它不仅能支撑起人的精神脊梁，更能让人在困难面前无所畏惧。"不可否认，无论在什么时候，自信者总能以一种强者的姿态，披棘斩棘，化解困难，掌控自己的命运，这样的人谁说没有气质呢？

在八十多年前的英国，一个年仅九岁的小女孩赢得了诗歌朗诵比赛的冠军，校长表扬她说："玛格丽特，你真是幸运。"而她却说："我不是幸运，我应该赢。"若干年后，这位小女孩便成为英国的首相——撒切尔夫人，她曾被称为世界上"最美丽的女子"之一。在几十年的政治生涯中，她用自己的言行告诉女人一个真理：只有自信的女人，才有强势的命运！那种王者般的自信，是令全世界都为之倾倒的美丽。

气质是一种极为厚重的底蕴，是种很张力的特质，没有自信的人，便无法支撑起内在的气质。不可否认，良好的气质是一种深厚凝重的美，它是一个人内在底蕴的自然流露。假如你拥有开朗爽直、潇洒大方的气质特点，你就会表现出聪慧干练的美；如果你表现出温文尔雅、稳重端庄的气质类型，你就拥有了高洁恬静的美丽；倘若你具有俏丽浪漫、超凡脱俗的气质特征，你便会将清新雅致的自己展现在众人的面前；如若你是雍容富贵、高雅华丽的气质类型，那么圣洁尊贵的美就会集于一身。而这所有的一切，如果缺乏自信，任何一种气质类型都无法形成。

可以说，自信于人，是塑造气质不可或缺的因素，人们都喜欢充满自信的人，他们传染给人的是一种积极的力量和热情，让人有如沐春风般的感觉。

但是自信并不是狂妄的自大，而是内心对自我的一种肯定，正如俞敏洪所说，所以，真正的自信是一种力量，它能让人生富有张力和韧性，并以此来搏击困难，从而成为掌控命运的主动者。

古人云："人不自信，谁人信之。"我们要建立自信，应该从相信自己、赏识自我做起。相信自己，就是对自己的认可和支持。"我能行""我也会成功"，这些积极的自信暗示，能够激发你的内在力量，让你散发出一种战胜困难的力量和勇气，如此，你的气质便能自然而然地散发出来。

2. 让自己拥有一种"打不垮的自信"

定要有自信的勇气，才会有工作的勇气。

——鲁迅（作家，北大讲师）

自信是影响一个人情商高低的重要因素。北大人认为：一个人如果能发自内心地相信自己，而不是伪装成自信的样子，这样的人同样会不由自主地流露出一种非常吸引人的气质，把更多的合作者吸引到自己身边，从而能真正地走向成功。真正的自信是本我的一种自然流露，那是一种"打不垮的激情"，是一种难能可贵的内在修为。

生活中，多数人在面对机会时，经常表现出的就是不够自信，其中的原因在于其缺少一种"内修力"。这种"内修力"，既包括坚持不断地提升个人能力的毅力，也包括一种"心力"的培养，这就是从内到外焕发出的一种自信的力量。

北大作为中国"思想阵地"的前沿和引领者，一种"打不垮的自信"已经成为其精神理念的一个组成部分，北大人也正是承载着这一种精神理念，成就了人生的辉煌。正如俞敏洪所说："一个人如果没有自信，便没有力量，就很难得到别人的认同。"实际上，当一个人只有从内心深处相信自己能够真诚地拥抱成功，展现出其内心的力量，才能得到别人的关注和青睐。

刘捷去参加一个外企公司的面试。当时，在50个综合管理职务中，只录用两名女性，所以对刘捷来说，成功的难度非常大。当面试官问她："你觉得这项工作你能胜任吗？"刘捷坚定地回答："绝对没有问题！这个工作与我的专业对口，我有非常专业的理论知识，更何况，我之前所在的公司实力也很雄厚，并且我所带领的团队取得了非常不错的业绩！"

说完这些，她的眼睛直视对方，焕发出一种"成功者的神情"，面试官从中看到了她的热情和力量，那是因为内在的自信而向外焕发出的一种力量。

面试官笑了，说道："我看到了你的热情和你身上有某种闪光的东西。所以，你被录用了。"于是，刘捷顺利地被这家知名企业录用了。

可以想象，面试官所说的"某种闪光的东西"，就是刘捷所表现出来的坚定的自信、高度的热情，这就是一个人赢得他人信赖的基础。

在许多成功者的身上，我们都可以看到由超凡的自信心所形成的巨大力量。自信心，就像催化剂一样，可以将人的潜能发挥到最大。拥有"打不垮的自信"的人都是这样的一类人：他们相信自己"能行"，最终也会让全世界知道他们"能行"！

这绝对不是鲁莽的自夸，也不是盲目的自我膨胀，是在对自己的理想抱负进行过可行性研究的基础上产生的一种能感染别人的自信心态。而在众多"伯乐"的眼中，他们最欣赏的，也正是这样一种心态，以及由此焕发出的蓬勃的动力。

3. 有了自信，全世界的幸运之门都会向你敞开

盲目自信也比不自信强百倍。

——俞敏洪

有位哲人说过："一个人，从充满自信的那刻起，就仿佛有无形的手在帮助他。"是的，这就是自信的力量，一旦拥有了自信，人就会变得睿智和富有气质、魅力，并且展现出非凡的才能，似乎世界上任何一扇门都能为他敞开。反之，如果一个人不够自信，就有可能被自卑的阴影笼罩，人生充满了挫败和痛苦，似乎世上所有的窗都对他关闭了。

自信心为何能对人的一生产生如此重要的影响呢？在心理学上，自信是指一个人对于自身能力的合理估计，拥有自信心的人珍视自我价值，懂得自我尊重，内心深处潜藏着一股强大的力量，在某些特殊的时刻，能超常发挥，于不经意间解决超出自身能力的问题。与之相反的概

念就是自卑，具有自卑情结的人，不能客观估量自己的真实能力，总觉得自己方方面面比不上别人，自尊心受到严峻挑战，能力水平受到抑制，所以往往会遭受更多的失败。

在中国的一流学府中，北大无疑是自信的，它不但有着光辉的历史和优秀的传统，而且在诸多领域都取得了可喜的成果，其科研水平和教学质量在全国范围内均处于先进水平。北大的自信依托于雄厚的实力，同样也来自于客观的自我评价。北大人同样是自信的，他们从不把妄自菲薄当作谦卑，也绝不会轻易低估自己的能力和实力，他们以母校为荣，却不把母校当成自己唯一的金字招牌，而是能以出色的成绩和优秀的工作能力向社会证明自身的价值。有时候我们在竞争中落败，不是因为我们与他人实力悬殊，而是因为我们身上缺少北大人这样的自信，如果我们也能如此自信，也许我们的人生会变成另一副样子。

季明是一名师范学校的毕业生，第一次登台讲课，感到无比紧张。一想到自己要独自站在讲台上面对下面黑压压的人群，他就紧张得直冒冷汗。他想假如自己突然大脑空白，忘记备课内容了怎么办，或者自己浑身发抖、声音发颤，让学生发现了怎么办？他越想越没自信，心跳急速加快，甚至产生了放弃当老师的念头。

正当他忐忑不安的时候，一位老教师塞给他一个文件夹，轻声在他耳边说道："如果你忘记了该讲什么，就打开文件看看上面的内容，不用太紧张，我相信你一定能把这堂课讲好的。"有了应急措施，他心里安定多了，那天他发挥得出奇地好，把一堂枯燥的化学课讲述得声情并茂，赢得了学生的认可。

课下，他感激地向那位老教师致谢，老教师却说："是你自己找回了自信，不是我的功劳，我给你的文件夹里只有几张白纸而已，上面根本就没写东西。"他打开文件夹，惊讶地发现里面果然夹着几张空白的纸张，他恍然明白了什么。此后在人生的道路上，他又遇到了不少障碍，但因为拥有了自信，他再也没有打过退堂鼓，跨越了人生一道又一道坎，不但在事业上取得了成就，被评为优秀教师，还组建了美满的家庭，结交了很多朋友，生活得十分满足和快乐。

自信是对人生一种积极的态度，更是对自我能力的一种肯定和认同，它能给你注入活力和力量，提升你的自尊水平。有了自信，你就有了取之不尽用之不竭的能量；有了自信，你将由怯懦变得勇敢，由渺小变得强大，由颓丧变得昂扬；有了自信，谁都了不起，有了自信，你的人生将有无限可能。

4. 别让你的人生轻易出现"不可能"的字眼

每个人的人生都充满了无限的可能性。

——俞敏洪

阿基米德说："给我一个支点，我就能撬动整个地球。"这样的豪言壮语虽然显得有些狂妄，但是这种敢说敢想的精神还是十分值得敬佩的，因为只有敢于大胆设想，一切才能变成可能。古人抬头望月的时候，从来没有想过人类能实现登月的计划，可是最终人类做到了，这固然有赖于科技的进步和技术的发展，但更离不开最初看似狂妄的设想。由此可见只有相信一切皆有可能，才能把不可能变成可能。

"不可能""办不到"之类的消极词汇从来不会出现在北大人的字典里。北大作为"五四运动"和"新文化运动"的摇篮，始终傲然挺立于时代激流的潮头，以"敢为天下先"的勇气和锐气引领着变革的潮流。北大在育人方面不仅重视知识的传授和文化的传承，更加注重人格塑造和个性培养，致力于把学生培养成有胆识、有品格、有气魄的人。北大人相信"天下无难事，只怕有心人"，世上没有跨不过去的火焰山，只要不畏缩不气馁，敢想敢作敢为，再难的事情也能办到。

沃尔特·迪士尼在成功制作完卡通片米老鼠之后，对外宣称要拍一部卡通电影，这在当时可谓是一种开先河的举措，因为那时的卡通片仅有短短十几分钟，而且一般是在电影开场前播放，从来没有人尝试过独立制作一部卡通电影。

沃尔特·迪士尼宣布自己的计划时几乎遭到了所有人的反对，人们都异口同声地说："不可能，绝对不可能。"不少人认为不会有人愿意静下心来欣赏一部长达80分钟的卡通电影，媒体和影评人也纷纷泼冷水，甚至出言嘲笑沃尔特·迪士尼。然而沃尔特·迪士尼却说："我就是要完成别人眼里不可能完成的任务。"随后他激情满怀地发表了演说，又聘请了300多位精干的工作人员采用创新的方法完成了卡通片的拍摄工作，还加入了极佳的配音效果。四年之后，他终于创作出了全球第一部卡通电影《白雪公主》，影片一上映就引起了剧烈的反响，沃尔特·迪士尼完成了一项了不起的工作，使人人口中不可能的事情变成了可能。

为什么沃尔特·迪士尼能完成别人眼中不可能完成的任务呢？因为一项伟大的计划或是高难度的工作被搁置，可能并非是因为它不具备可行性，而是我们把"不可能"的观念装进了自己的脑海里，从而影响了自己能力的发挥，使本来具备可行性的事情变得难于上青天。

心理学家认为，负面的经历、外界的质疑和批评以及我们对自身的消极评价，都会在一定程度上限制我们能力的发挥，使我们丧失尝试的勇气，错过改变命运的有利契机。当我们的意识被"不可能"而不是"我能行"占据，我们就极容易变得气馁和自暴自弃，甚至尚未投入战斗就已然缴械投降，这就是我们不战而败的诱因。要想改变现状，我们除了要努力排除外界的干扰以外，还要时刻留心自己心中的想法，不断修正错误的观念，把"不可能"的消极声音驱逐出自己的生活，身体力行地践行积极的理念，不断挑战自我，充实自我，丰富自己的人生。

5. 提升自信的良方：从自己最擅长的领域入手

你一定要在大学学一个专长，这个专长是你终生能用的。

——俞敏洪

自信可以让人充满力量，让生命富有张力，能从根本上提升一个人的气质，那么怎样才能获得自信呢？答案是做自己最擅长的事。一项心理调查显示，25%的人从事自己最擅长的工作，才干和专长得以全面发挥，均在各自的领域打下了一片灿烂的天地，75%的不清楚自己擅长做什么或者在功利心的驱使下放弃了自己的专长，结果一生都碌碌无为。

古语云："鹤善舞而不能耕，牛善耕而不能舞，物性然也。"其实鹤要弃舞从耕，牛要弃耕从舞也未尝不可，不过，都不会收到满意的效果。万物皆有所长皆有所短，人亦如此。心理学研究表明，从自己擅长的事入手是提升自信心的有效手段，如果你从事的是你最熟悉最有把握做好的事情，往往能取得事半功倍的效果，你的才能也将发挥得淋漓尽致，满足感和成就感接踵而至，你的自信心会因此得到极大的提升。反之，勉强自己做自己并不擅长的事情，即便付出了百分之百的努力，收到的也有可能是事倍功半的效果，这会极大地挫伤人的自尊心和自信心。所以建立自信最有效的法宝就是扬长避短。

北大有不少才华横溢、能力出众的学生，但他们从未想过要把自己塑造成全知全能的超人，而是致力于发挥自己的优势和专长。比如校园里不乏一些热爱舞蹈的女学生，可是她们不会去和舞蹈学院的专业学生一较高下，更不可能把全部心思耗费在舞蹈研究上，因为她们深知舞蹈只是自己的娱乐和爱好而已，并非专长。

北大人不会耗尽心血去做自己并不擅长的事情，但对于自己真正热爱并擅长的东西则会不遗余力地追求。比如有一位法学院的学生，拥有丰富的法律知识，擅长雄辩，口才极佳，非常适合做律师。他很清楚自己的专长，于是专注于法律学的研究，后来成了某大型律师事务所的首席律师。有人说，产品放错了地方就是废品，人才放错了位置就是庸才，可见找到真正适合自己的职业和领域是多么重要，只有选择自己最擅长的工作，我们才能大展拳脚，信心满满地开创未来。

何亮是一名中文系的毕业生，他知道自己最擅长的是写文章，最初也在报社实习了一段时间，立志成为一名记者。但没过多久，他便产生了放弃的念头，起因是报社实习岗位的工资太低了，以后即便能被正式录用，也未必能获得理想的薪水，而且还要整日东奔西跑、奔波劳碌，他觉得这不是自己想要的生活，于是便打算转行。

何亮的好友小黄在一家营销公司就职，每天的工作任务就是坐在办公室里打电话推销产品，工作环境不错，提成也比较高。小黄奋斗了一年多，工资已经涨到了 8000 元，何亮十分羡慕小黄，于是也加入了电话营销的行业。可是刚工作没多久何亮就对自己丧失信心了，他的口才远不如文笔，客户反感他那说教式的推销，纷纷挂断他的电话，同事们全都出单了，只有他连一项订单都没搞定，还受到了老板的点名批评，这让他感到非常难过。

想起以前在报社的日子，他撰写的文章屡屡受到上级表扬，有人还说他将来有可能成为这个行业的未来之星，对比当下的情况，他开始后悔自己的选择，于是又辞了职回到了报社。很快他就在报社干得风生水起，对自己的未来充满了信心，几年之后，他成了国内最知名的记者之一，写的多篇文章成了街头巷尾热议的话题。

当你的双眼被各种欲望掩盖，你便很难透过重重迷雾看到自己的专长。想要了解自己真正适合并擅长的职业，必须诚实地面对自己，且忠于自己内心的声音，你最真实的感觉将指引你走上正确的发展道路。

第6章

进取：让你的每一个细胞，都充满力量

北大前校长王恩哥在毕业生的典礼上，曾说了10句经典的话，其中一句是告诉毕业生要为自己的人生插上"两个翅膀"：一个叫理想，一个叫毅力。如果一个人有了这"两个翅膀"，他就能飞得高，飞得远。这句话正体现了北大的"进取"精神，这种对知识、对理想不断的"进取"精神是北大人走出校门，搏击命运，赢得成功与幸福人生的重要基础，也是他们塑造良好气质的最大资本。可以想象，生活中，你能从一个毫无进取精神的懒汉或者碌碌无为者身上看到有任何的气质并对他们心生好感吗？要知道，良好的气质需要内在力量和底气的支撑，而进取精神则能让人时时焕发出强大的精神力量。所以，要提升气质，先唤醒身上的进取精神吧！

1. 你如果知道自己要去哪里，全世界都会为你让路

树立了什么样的志向，就决定了什么样的道路；走上了什么样的道路，就拥有了什么样的人生。

——王恩哥（北大第 26 任校长）

在北大人身上，进取精神的第一体现就是拥有理想，对自己人生有着清晰的规划和明确的前进目标，正是这种对实现理想或目标的强大信念，让北大人敢于正视人生困难，有了搏击自我命运的勇气，修炼出了良好的精神气质。

有一句话是说，你如果知道自己要去哪里，全世界都会为你让路。这昭示了人生目标或理想对伟大人生的强有力的指导作用。对此，心理学上也有这样的研究理论，是说对未来具有清晰的规划、目标明确的人，更容易在事业上取得成就，幸福度和快乐指数也远远高于其他人；而人生目标模糊或者完全找不到方向感的人，要么只是得到了一份勉强糊口的工作，要么就是贫困潦倒，在自怨自艾中悲惨地度过余生，可见目标对于人生的影响有多大。

一个没有目标的人就像一辆没有方向盘的超级赛车，就算配置了最棒的动力引擎，也无法在赛场上一展风姿，更别提获得荣耀和桂冠了。明确的目标是你走向成功的起点，它能产生强大的助推力，自觉地引导你朝着固定的方向和轨迹前进，并激发你强烈的决心和意愿，促使你把所有的精力都投放到同一个目标上，直至达成目标。

北大作为一所备受世人瞩目的百年名校，为国家和社会培养了一批又一批精英，其中包括 400 多位大学校长、一大批杰出的外交官以及数

不胜数的企业家和 CEO，那么北大成功的秘诀是什么呢？答案是明确的目标。北大的办学理念是非常明确的，学校旨在为社会培养出类拔萃的优秀人才，它是培养精英的文化基地，因而孕育了一批又一批的高端人才。北大学子在步入社会以前，都具有明确的奋斗目标和清晰的人生规划，所以更容易实现目标，这和一些普通大学的学生内心迷茫，不知何去何从的境况是完全不同的，这便是目标清晰和目标模糊的区别。

有一位年轻人大学毕业后，不知道该从事什么工作，求职的时候非常盲目。有一次他去参加面试，面试官看了看他的简历，皱着眉头说："你为什么没有填写求职意向呢？你想应聘什么职位？"年轻人说："贵公司哪个岗位有空缺，我都可以尝试一下。"面试官疑惑地问："你心中难道就没有一个明确的目标吗？"年轻人回答说："我觉得我现在还很年轻，人生存在无限可能，我不想这么快就被定型。"

面试官很快了解了年轻人的真实想法："可是没有清晰的目标，你根本不清楚该朝哪个方向奋斗，这样怎么可能走到目的地呢？简单来说，如果一艘轮船不知道自己该驶向哪里，就会在大海上迷失方向，永远都不可能靠岸。现在的你虽然可塑性很强，但是缺乏目标的指引，未来很难成型，更不可能成才，所以我希望你确定目标之后再来我们公司应聘，我们不想盲目地招收新人，也不希望你盲目地浪费自己的时间和精力。"说完，面试官把简历还给了年轻人，年轻人捧着简历离开了办公大厦，随后陷入了沉思。

一个人若想有所成就，首先必须确立明确的目标。目标越明确，意味着选择的弹性空间越少，这样人就能不遗余力地促成目标的实现，而越是模棱两可、模糊不清的计划越是会引发思绪的混乱和精力的浪费。因此，树立明确的目标，是向理想进发前最关键也是最紧要的一个步骤。

2. 像"渴望空气"一样"渴望改变"

人需要有一种渴望，有一种梦想。没有渴望和梦想的日子使我们失去勇气。

——俞敏洪

"自我驱动力"是进取人生的一种重要特质。北大人认为，一个人若具有孜孜以求的"渴望"，其从内而外散发的精神力量能让人看起来气质非凡。同时，这种精神力量还能使平庸者变得非凡，由平凡步入伟大，由伟大走向辉煌。

新东方董事长俞敏洪说："我考大学考了整整三年，自己也没弄明白是什么让我坚持了三年。现在想想，是心中那点模糊的渴望，走向远方的渴望。这种渴望使我死活不愿意在一个村庄上待上一辈子，而唯一走出村庄的办法就是考上大学。

"有很长一段时间，我差一点儿掉进了安于现状的'陷阱'里。大学毕业后，我留在北大当了老师，收入不高但生活安逸，于是娶妻生子，柴米油盐，日子就这样一天天过去，梦想就这样慢慢消失。直到有一天，我回到了家乡，又爬上了那座小山，看着长江天边滚滚而来，那种越过地平线的渴望被猛然惊醒。于是，我下定决心走出北大校园，开始了独立奋斗的过程。在出国留学的梦想被无情粉碎之后，新东方终于出现在我生命的地平线上，从此一发不可收拾，带着我飞越地平线，新东方从一座城市走向了另一座城市，从中国走向了世界。我也带着新东方和梦想和我的渴望，从中国城市走向世界城市，从中国山水走向世界山水，从中国人群走向世界人群。"

可见，渴望是人走出平庸、走向辉煌的主要驱动力，能让人穿越荆棘，克服人生的种种困难。对自己的未来有渴望，有期望，是每个北大人所坚持的信念，它是一种"我要，我一定要"的勇气和坚定，是一种志在必得、专心致志的心态。只有拥有这种坚定的勇气与强烈的心态，你才能克服一切困难，最终获得不同凡响的人生。

也许会有人说，这是一个超现实的理由，渴望真的有如此神奇的力量吗？是的，这种神奇的精神力量可以使身份卑微的人爬上财富的顶峰，也可以使人们在失败了几百次之后东山再起；它不仅可以在瞬间提升人的气质，而且还能从根本上让人富有魅力。舒曼·汉克夫人就是在这样强大的精神支持下才成为非凡的歌唱家的。

舒曼·汉克夫人在其事业的初期，曾去拜访维也纳宫廷歌剧团的乐队指挥，想请他试听一下自己的歌喉。乐队指挥朝着眼前这位局促不安、衣着朴素的女孩瞅了一眼，毫不客气地对她说："就凭你这个样子，是不可能在这歌剧方面取得成功的！噢，你还是尽快地断了这个念头，回家去买一台缝纫机，做你能够胜任的工作吧！没错的，你永远也不可能成为一名歌唱家的。"

舒曼·汉克夫人内心有十分强烈的愿望一定要成为一名歌唱家，但是乐队指挥却用"永远"这个词将她的一生都否定。不过，这种否定并没有使舒曼·汉克夫人放弃，反而使她更坚定了自己的信念，她要用自己的成功证明给这个乐队指挥人员看。这种强烈的欲望使她克服重重困难，最终成为一名成就非凡的歌唱家。

当初那位维也纳宫廷歌剧团的乐队指挥虽然知道许多唱歌的技巧，却不知道舒曼·汉克夫人强烈的欲望所产生的精神力量有多么的惊人。如果他对这种力量稍有了解，就不会轻率地否定这位对歌唱事业有强烈渴望的女孩。

因此，如果你渴望在自己从事的领域树立影响力，走出一条属于自己的路，那么你要做的第一件事就是对自己的人生有渴望。虽然它不一定能换来成功，但你有了向成功迈进的勇气，也就等于成功了一半。

3. 开启人体能量的"发动机"

唯有满腔的热忱才会点燃心中的热望，唯有热忱才能驱使你朝向心中的理想全力奋进。热忱是一种神奇的要素，吸引所有走在成功路上的人。

——北大 10 博士给优秀学子的人生求学计划书

"热忱"是北大所崇尚的一种进取精神。热忱是指一个人对某项事物达到狂热程度的一种积极热情的态度，北大人认为：一个人的"热情"犹如胶水，能牢牢地将人与其喜爱的事与物吸在一起，带领其向更高的领域走去。当遇到困难，梦想摇摇欲坠的时候，热情能够使人有足够的信心再次坚持下去。当周围的人在大声喊叫："不，你做不了！"的时候，它就会轻轻地在你耳边对你说："你早晚能够做到！"可以说，这种精神能让人的每一个细胞都充满力量，使人看起来更富有张力的气质，这也是多数北大人所具有的一种气质。正是这种气质，在不断地推动他们的人生从平凡走向卓越，从卓越走向伟大。

热忱是生命的"发动机"，可以引发一股伟大的力量，补充你的精力，不断为你充电，并形成一种坚强的个性，激发你的潜能，让你充分发挥自身的优势和潜力去应对你的事业，达到最终的成功。

一个对工作或某项事物具有热忱的人，是不会以金钱、地位和权力为目的去工作的，他们从内心真正地热爱他们所从事的职业，甚至会将工作当成他们生命的一部分，全身心地投入，所以更容易做出成就。

有一次，一位记者问比尔·盖茨："你成功的秘诀是什么？"盖茨答道："对工作的热忱！"

对方又问："你的热忱主要来自哪里？"

比尔·盖茨回答道："我在很早的时候就听过一句话，是说'在我不再以金钱为目的而工作之前，我连一个铜板也赚不到'。"

总之，热忱可以用来补充你的精力，不断地充电，并形成一种坚强的个性。那么，如何才能让自己拥有热忱呢？其实，发展热忱很是简单。首先，一定要从事自己最喜欢的工作，或者提供最喜欢的服务。如果因为情况特殊，目前无法从事自己最喜欢的工作，那么，你也可以采用另一种有效的方法，那就是把你将来要从事的最喜欢的工作，当作是自己人生的目标，这样你就能全身心地投入当下，不断地向那个目标前进。

弗烈得利克·威廉森说："我活得愈久，便愈确定热忱是所有特性或质性中最重要的。通常，一个成功者和一个失败者的技艺、能力和才智差异并不很大。假使有两个人，以同等的能力、才智、体力与其他的重要质性开始，会出人头地的是那个满腔热忱的人。同时，一个能力平平却保持着热忱的人，往往能超越一个能力强却毫无热忱的人。"一个拥有热忱性格的人，无论多大的年纪，都仍旧充满青春活力，就是因为他们始终能保持一颗赤子之心。大提琴家卡隆尔斯在 90 岁时，每天早晨都会先演奏一下尼哈的乐曲，乐声从他的指间飘过时，他会把弯曲的腰背挺直，两眼再度流露出欢欣的神色。

对卡隆尔斯来说，音乐是长生不老的灵丹妙药，使人生变成永无止境的探险。正如作家兼诗人欧尔曼所写的那样："岁月使皮肤增添皱纹，失去热忱性格却令心灵发皱。"

如何去重温童年时期的热忱？其关键在于"热忱"两个字。"热忱"

一词其实源于希腊文，意思是"内在的神"。"内在的神"其实就是一种历久不渝的爱，也就是适当地爱自己，并且将这份爱推及他人。

任何成功都可以称之为热忱性格的胜利。没有热忱的性格，不可能成就任何伟业，因为无论多么的恐惧、多么艰难的挑战，热忱的性格都赋予它新的含义。缺乏热忱性格的人，注定要平庸地度过一生；而有了热忱的性格，你才能够创造新的奇迹。

请记住：热忱是成功与成就的源泉。一个人意志力和追求成功的热忱越强烈，那么，成功的概率就越大。

4. 生命不息，学习不止

学问不是吃饭的工具，学问就是生命本身。

——陈寅恪（著名国学大师，曾任北大教授）

北大对人的气质的塑造，是通过不断的学习获得的。自古至今，北大培养出了无数的文化学者、国学大师，无不是通过倡导和践行"生命不息，学习不止"的教学理念为基础的。

在我国，古有寒门学子"凿壁偷光"刻苦学习，今有莘莘学子考研考博不断深造。可见，学习是一瓶"万能油"，它可以储备知识、增长见识；它可以丰富阅历、陶冶情操；学习可以抗衡命运，改变人生。有资料提及，21 世纪有四种人最容易被淘汰，不愿学习的人就是其中一种，这也说明加强学习是时代发展的要求。

在北大，每个学子都不会把学习当成一种外在的义务，而当成一种内在的需求，让自己处于不断学习的状态，实现自身知识观念的多元化和现代化。这也是北大之所以能培养出无数企业家、学者、国学大师的主要原因。

曾任北大教授的陈寅恪，曾被人称为"教授的教授"，是中国近现代举足轻重的国学大师之一。其深厚的文化底蕴，与广博的文化知识，无不是通过践行"生命不息，学习不止"的精神理念实现的。

无论在早年还是晚年，他都视钻研和研究学问为自己生命不可分割的一部分。他曾十分明确地表示，学问不是吃饭的工具，学问就是生命本身。他是这样说的，也是这样做的，其毕生都在求知中充实自我，完善自身的修养，砥砺自我人格。他少时在南京家塾就读，在家庭环境的熏陶下，自小就能背诵十三经，广泛阅读经、史、哲学典籍，随后他又东渡日本学习。1905 年因足疾辍学回国，后就读上海吴淞复旦公学。1910 年考取官费留学，先后到德国柏林大学、瑞士苏黎世大学、法国巴黎高等政治学校就读。第一次世界大战爆发，1914 年回国。1918 年冬又得到江西官费的资助，再度出国游学，先在美国哈佛大学随蓝曼教授学梵文和巴利文；1921 年，又转往德国柏林大学随路德施教授攻读东方古文字学，同时向缪勤学习中亚古文字，向黑尼士学习蒙古语。在留学期间，他勤奋学习，积蓄各方面的知识而且具备了阅读蒙、藏、满、日、梵、英、法、德和巴利、波斯、突厥、西夏、拉丁、希腊等十几种语文的能力，尤以梵文和巴利文为长。文字是研究史学的工具，他国学基础深厚，国史精熟，又大量吸取西方文化，故其见解多为国内外学人所推重。可见，这位国学大师用他遍布全球的求学足迹，为我们诠释了"生命不息，学习不止"的精神理念。

这位国学大师的言行带给我们现代人的不仅仅是一种刻苦、好学、钻研的精神，更是一种令国人为之崇敬的人格力量，他已经将做学问当成他生命中不可或缺的一部分。

其实，中国本来就有"活到老，学到老"的话，它旨在告诉国人学习是对个人精神的充实，在学的过程中，我们会思考，在思考的过程中，人性就会得到升华。一个人在极其短暂的一生中，想要凸显自己的价值，就要不断地学习，进而在思考中不断提升自身的修养，也使人格得以完善。同时，学习也是传承美德、陶冶个人情操、铸造精神、提升自我智力和气质的主要途径之一。

5. 坚持：成事贵在持之以恒

一个卑微的人与一个卑微的梦想，只要有坚持下去的信念，是完全可以变得伟大和卓越的。

——俞敏洪

坚持也是进取精神中一种重要的品性，同时也是北大的一种主要精神气质。北大人认为：一个人要成长，要提升自我，有不凡的信念，这是人生成事的基础。然而，要想将这种基础变为坚实的人生大厦，就要懂得坚持，这是劣马变黑马的不二法则。

毕业于北大的黄怒波在谈及自己的创业成功经验时说："作为创业者最重要的品格就是一个坚持、锲而不舍。"

在新东方20周年庆典典礼上，俞敏洪说："一切梦想都有一个卑微的开始。一个卑微的人的卑微的梦想，只要坚持下去，是可以实现的。新东方就是一帮卑微的人实现的一个伟大的梦想。"

曾任北大教授的鲁迅在《最先与最后》中写道："我每看运动会时，常常这样想：优胜者固然可敬，但那虽然落后而非跑至终点不止的竞技者，和见了这样竞技者而肃然不笑的看客，乃是中国将来的脊梁。"他还说过："不耻最后。即使慢，驰而不息，纵令落后，纵令失败，但一定可以达到他所向往的目标。"其核心思想是，人若有恒心，能坚持不懈地努力下去，就能达成自己的目标，他认为无论大事还是小事，都要有一种坚持到底的精神，落后不要紧，进程缓慢也不要紧，只要一路坚持下来，就有希望到达终点。

荀子说："锲而舍之，朽木不折；锲而不舍，金石可镂。"我国自古以来都在颂扬滴水穿石的精神，鲁迅作为一名文坛泰斗，毅然把这种精神发扬光大。他毕生都在致力于用文学作品唤醒大众的灵魂，他知道这是一个漫长的过程，唯有坚持不懈地努力下去，方能有所成效。作为思想界的启蒙者，他具有那种"不耻最后"的韧性品格，韧性包括两层含义：一是时间上的持久性；二是意志上的坚韧性。鲁迅在给友人的信中指出："弄文学的人，只要坚忍、认真、韧长就可以了。"

可见，锲而不舍地"坚持"是北大人成功的重要保证。一个人能不能将自己卑微的梦想变成现实，走到最终的胜利，关键在于是否拥有坚持的精神。

心理学家曾做过这样一份调查报告，一个人如果要掌握一项技能，成为专家，需要练习 1 万个小时。为此，我们可以算这样一笔账，对于一项技能，如果我们每天坚持练习 5 个小时，每年按 300 天计算的话，那么需要 7 年的时间，一个人才能真正地很精通地掌握这项技能。

当然，这一结论也是有心理学依据的，心理学家指出：一个人在保持专注的前提下，人的大脑就会对某一知识或技能进行感知、记忆、思维认知等活动，而大脑要真正地熟知和掌握这一活动的内部规律，则大约需要 1 万个小时，这便是所谓的"一万小时定律"。可是，现实生活中，多数人都在坚持一万小时之前就先放弃了。

歌德曾说："只有两条路可以通往远大的目标：力量与坚持。力量只属于少数得天独厚的人；但是苦修的坚持，却艰涩而持续，能为最微小的我们所用，且很少不能达成它的目标。"由此可见，坚持是成就伟大人生的重要性格。荀子说："骐骥一跃，不能十步；驽马十驾，功在不舍。"即使一匹腿力并不强健的劣马，若它能坚持不懈地拉车，照样也能走得很远。它的成功在于一直弯下腰来，即使是踽踽而行，也从未停止过努力向前，也就是坚持不懈。

在现实生活中，我们经常可以看到这样一种现象，一些才华横溢的人因为缺乏耐力和恒心，最终导致半途而废，而一些天资平平的人却因为坚持奋斗取得了了不起的成就。这足以说明人生的成败并非是由先天因素决定的，有毅力有恒心的人更容易实现自己的人生目标。在人生的跑道上，或许我们并不能拥有相同的起点，或许我们会暂时落后，总有优胜者遥遥领先，可是只要坚持到终点，我们仍然是最后的赢家。在竞争激烈的社会环境中，如果我们并不具备明显的优势，甚至在某些方面处于劣势，唯有恒心可以弥补自身的缺憾；常言道有志者事竟成，铁杵也能磨成针，矢志不渝地坚持下去，总有一天你会等到美梦成真。

或许我们不知道要走多少步才能达到目标，踏上第一千步的时候，仍然有可能遭到失败。但成功就藏在拐角后面，除非拐了弯，我们永远不会知道还有多远。再前进一步，如果没有用，就再向前一步，事实上，每次进步一点点并不太难。坚持不懈，直到成功。

第 7 章

谦虚：真正强大的，都是甘心居于下位者

北大企业家俞敏洪在一次演讲中说："有自信的人才会美丽，有进取精神的人才其精神气质可嘉，但不能失去谦虚！"可见，一个人良好气质的修炼，离不开其内在谦虚的品质。谦虚不仅仅是一种富有魅力的品格，还是一种修为，一种气度。当人们见惯了太多意气风发者的踌躇满志，只能对过眼烟云般的各类光环淡然以对。只有谦虚的人才有独特的气质，那种气质让人感到平和、温润且易于接近。

1. 谦虚是一种最易于让人接纳的"气质"

越是没有本领的，越自命不凡。

——邓拓（新闻工作者，曾受聘于北京大学法学院兼职教授）

在所有品格中，谦虚是一种最易于让人接纳的"气质"。谦虚的人，时时将自己置于他人之下，不显山不露水，不逞强更不逞能，时时透出温润的气息，令人难以忘记。对此，苏霍姆林斯基有一句名言："谦逊为一切美德的皇冠。谦逊是一种必不可少的品质。在成功的面前，静如处子、稳如泰山的人，一定会让人竖起拇指连连称赞，谦逊是一个人最迷人的气质和品质。"可见，要提升个人气质，谦虚的品性是不能没有的。可以想象，一个处处逞能，时时高高在上的狂妄者，你会觉得他有气质可言吗？生活中，我们见惯了那些爱四处扬扬自得的人，他们因为有一些小资本，便四处炫耀自己的魅力和能力，这样的人除了招人反感，让人觉得其内在肤浅外，并不能获得他人的好感和青睐。

谦逊是一种姿态，一种风度。做人要懂得谦逊，谦逊能够克服骄矜之态，能够营造良好的人际关系，因为人们所尊敬的是那些谦逊的人，而绝不会是那些爱慕虚荣和自夸的人。《老子》云："上善若水，水善利万物而不争。"不争不抢，低头默默地穿行于自然与万物之间，这才是能够使万物受惠，折服的方式。谦逊的人大多沉稳、智慧，不会因为得到了实惠就张扬狂妄，更不会因为失去而呼天抢地。

有一位看上去很普通的女作家被邀请参加笔会，坐在她身边的是一位匈牙利年轻的男作家。男作家看看身边这位衣着简朴，沉默寡言，态度谦虚的女人，并不知道她是谁。男作家认为她只不过是一个不入流的作家而已，于是，他有了一种居高临下的心态。

男作家主动上去搭讪："请问小姐，你是专业作家吗？"女士看到他，回答说："是的，先生。"男作家于是立马询问道："那么，你有什么大作发表吗？能否让我拜读一二。"那位女士听到他的话，很淡然地说："我只是写写小说而已，谈不上什么大作。"男作家听到此处，心里面开始扬扬自得，更加证明了自己的判断。

男作家继续问道："你也是写小说的？那我们算是同行了，我已经出版了 339 部小说，请问你出版了几部？"女人听到他的问话，很镇定地说："我只写了一部。"男作家听到女士说只写了一部，有些鄙夷地问："噢，你只写了一部小说。那能否告诉我这本小说叫什么名字？"女作家平静地说："《飘》。"狂妄的男作家顿时目瞪口呆。女作家的名字叫玛格丽特·米切尔，她的一生只写了一本小说。

文中的那位男作家至今已经无法考证，但是从他高调炫耀的结果可以想到他当初的窘迫处境。可以说，玛格丽特·米切尔表现得十分低调，充分地展现了一个人谦逊的气质。谦逊是一种以静制动的艺术，当玛格丽特·米切尔说出"飘"那个字的时候，可以想象，之所以她如此的平静是因为已经有了强大的底牌在支撑着她。一个谦逊的人根本就不会去炫耀，因为她不屑于用这种手段去为自己宣传。

做人谦逊内敛不张扬，需要有厚实的内功做支撑，只有一个人知识、阅历、素质和修养都达到了足够的沉淀时，才真正地能够做到不说张扬之语，不做张扬之事，不逞张扬之能。

2. 一个人炫耀什么，说明他内心缺少什么

在做人做事方面我有一句口号：做人像水，做事像山。所谓"做人像水"，是说做人尽可能向低处走，对别人谦虚，向别人学习。从长远来说，在把握人格尊严的前提下，为了事业和未来，哪怕"低三下四"也无所谓，这并不损害你的形象。低头做人，抬头做事。

——俞敏洪

"一个人炫耀什么，说明他内心缺少什么"，从当下心理学的角度分析，是极有道理的。一个人因为内心缺少而不想被别人知道，所以就会以外在的炫耀来掩盖，这叫作欲盖弥彰。其实，早在几千年前，老子也有相似的论点，他在《道德经·第八十一章》中有言："信言不美，美言不信；善者不辩，辩者不善；知者不博，博者不知。"意思为，真实可信的话不漂亮，漂亮的话不真实；有德的人不巧辩，巧辩的人德行不完满；真正有智慧的人不卖弄，卖弄自己懂得多的人不是真有智慧。在老子看来，真实的话是朴质而不华丽的，那些听起来华美的语言往往并不是真实的。老子一方面是告诫世人说话要真实可靠，另一方面也告诉人们，应回归朴素，不要被华美的外表所迷惑。同时，老子也认为，大道是无言无声的，所以守道的圣人也不会夸夸其谈。他们"致虚极，守静笃"，用合乎道的行动，来教化世人。而那些口若悬河的说客，"舌上生花"的游士，大多怀着不可告人的功利目的，如果相信他们一定会带来灾祸，是以齐闵王相信苏秦而国破，楚怀王相信张仪而身死。同

样，口舌也是致祸之源，贺若弼多言身死，郦食其能说亡身。孔子说"巧言令色，鲜矣仁"，所以，在生活中，我们都应该牢记"善者不辩"的道理。关于智慧，老子也认为"知者不博，博者不知"，就是说，真正的智者隐藏自己的智慧都来不及，哪会到处炫耀，自以为是呢？

其实，自傲也是最损人气质的一种品质。我们可以想象，一个爱到处吹嘘者，见谁都夸夸其谈，你会觉得他有吸引力吗？北大作为中国教育的前进者，其总以谦虚的姿态让人求上进，育出了一批又一批中国思想文化的引领者和前行者。北大人无疑是谦虚的，也正是这种谦虚气质，使北大人赢得了尊重，从而让他们的人生达到了极致的状态。

炫耀其实是一种隐性的自卑行为，只有那些内心缺失感极重的人，才会靠夸大事实来填补自己内心的虚无感。所以，生活中，我们做人行事都不要靠炫耀来让人重视自己，那样只是欲盖弥彰，会认人更加无法重视你，同时也会给人留下爱慕虚荣、虚伪的印象。

小晴是一个虚荣心很强的女人，平时总是在办公室里说自己的老公有多么的厉害，平时上街经常是开着路虎或者宝马，而上班通常会开劳斯莱斯。很多人都看不惯她这一点，但是有的人则把小晴的说法当成了一个乐子，用来作为缓解工作压力的辅助工具。

但是有一次小晴又开始在办公室里面吹起牛来，大家抱怨放假太少，想要去看蔡依林的演唱会都去不成。这个时候小晴就说："唉，蔡依林有什么好看的啊！我老公昨天雇用了刘德华、周杰伦还有容祖儿一堆女明星单独演唱，让他们唱什么就得唱什么。"同事小李终于忍不了她了就回应说："你老公那么有钱，还让你出来到这工作啊，一个月赚点钱还不够给你老公的劳斯莱斯加油呢！"听了小李的话，小晴特别生气，于是就说："我在家待不住，喜欢锻炼。"小李说："你老公那么有钱，明天把他的劳斯莱斯开来，让大家都借光坐一坐吧！大家看怎么样？"同事们都起哄说好，小晴涨红了脸。

一个喜欢处处向人炫耀的人是无修养的，他们是毫无气质可言的。喜欢炫耀者都爱夸大事实，很多情况下会难以自圆其说，让自己陷入尴尬的境地，这种喜欢为难自己的行为，只有愚蠢的人才会去做。所以，要想给人留下良好的印象，请别在他人面前炫耀自己，那不仅会损害自己的气质，还会让自己的魅力大大降低，让自己变得毫无吸引力可言。

3. 当你开始谦虚时，便是近于伟大时

尽管人的智慧有其局限，爱智慧却并不因此就属于徒劳。智慧的果实似乎是否定性的：理论上——"我知道我一无所知"；实践上——"我需要我一无所需"。然而，达到了这个境界，在谦虚和淡泊的哲人胸中，智慧的痛苦和快乐也已消融为了一种和谐的宁静了。

——周国平

谦虚是北大人所强调的做人智慧，《道德经·第十五章》中说"保此道者，不欲盈。夫唯不盈，故能蔽而新成"，意思是说，保持这个"道"的人不会自满。正因为他们从不自满，所以才能够去故更新。可见，在老子看来，谦虚是事与物保持长久存在的重要法则之一。因为不自满所以才能时时更新自我，与时俱进，进而保持长久不衰的状态。

北大人认为：谦虚是一种姿态，一种风度，一种魅力，它能为人营造良好的人际关系，因为人们所尊敬的人都是谦虚的，而那些总爱在人前自夸和吹嘘的人，只会让人厌烦。其实，谦虚也是水的重要品性之一，更是"道"的品质。水善利万物而不争，不争不抢，低头默默地穿行于自然与万物之间，这才是能够使万物受惠并折服的方式。谦虚的人大多都沉稳、智慧，不会因为得到了实惠就张扬狂妄，更不会因为失去而呼天抢地。生活中，无论我们做任何事情，如果缺乏一颗谦虚的心态和进取的思想就难以成功，即便有了一定的声望也仅仅是昙花一现罢了！

京剧大师梅兰芳，不仅在京剧艺术上有着极深的造诣，而且还是丹青妙手。他曾经拜著名的画家齐白石为师，并且虚心向他求教，在齐老面前总是行弟子之礼，还经常为齐老磨墨铺纸，完全没有因为自己是享誉中外的京剧大师而自满自傲。

梅兰芳不仅拜画家为师，他也拜普通人为师。他有一次在演出京剧《杀惜》时，在众多喝彩叫好声中，他听到有个老年观众说"不好"。梅兰芳来不及卸妆更衣就用专车将这位老人接到家中，并恭恭敬敬地对老人说："说我不好的人，都是我的老师。先生说我不好，必有高见，定请赐教，学生必定下决心亡羊补牢。"老人指出："阎惜姣上楼和下楼的台步，按梨园规定，应是上七下八，博士为何八上八下？"梅兰芳恍然大悟，连声称谢。以后梅兰芳经常请这位老先生观看他演戏，请他指正，称他"老师"。正是这种谦虚的态度，才成就了梅兰芳一生的辉煌。

俗话说："低头的都是满满的稻穗，昂头的都是无果的稗子。"越是成熟、饱满的稻穗，头就垂得越低。只有那些内心空空如也的稗子，才会显得过于招摇，始终会把头抬得老高。当一个人开始谦卑的时候，便是他最近于伟大的时候。低调做人，谦虚为人，是一种智慧，一种品质，一种美德，一种风度，一种胸襟，一种修养。

另外，在为学方面，老子也提倡要时时保持"谦虚"的作风。其所讲的"知者不知"，即为学识越是渊博的人越是懂得自己的缺陷，"学然后知不足"。其实，为学的人，也时时刻刻保持谦虚的心，不断进取的精神，这正是"道"所具有的美好的品德。

孔子就要求弟子们在治学过程中时刻保持谦虚。有一次，孔子带着几个学生到庙里去祭祀，刚进庙门就看见座位上放着一个引人注目的器具，据说这是一种盛酒的祭器。学生们看了觉得新奇，纷纷提出疑问。孔子没有回答，却问寺庙里的人："请问您，这是什么器具啊？"守庙的人一见这人谦虚有礼，也恭敬地说："夫子，这是放在座位右边的器具呀！"于是孔子仔细端详着那器具，口中不断重复念着"座右""座右"，然后对学生们说："放在座位右边的器具，当它空着的时候是倾斜的，装一半水时，就变正了，而装满水呢？它就会倾覆。"听了老师的话，学生们都不知老师所指为何。孔子看出大家的心思，就要学生们打来了水。往器具里倒了一半水时，那器具果然就正了。继续往器具里倒水，器具中刚装满了水就倾倒了。孔子说："倾倒是因为水满所致啊！"弟子问："怎样才能不倾倒？"孔子语重心长地说："聪明的人，应当用持重保持自己的聪明；有功的人，应当用谦虚保持他的功劳；勇敢的人，应当用谨慎保持他的本领……这就是说要用退让的办法来减少自满。"学生们这才恍然大悟为何人们要将这容器放在座右。

古希腊的著名哲学家苏格拉底，每当被称赞学识渊博、智慧超群的时候，总谦逊地说："我唯一知道的就是我自己的无知。"牛顿，人类历史上最伟大科学家之一，对于自己的成功，他总是谦虚地说："如果我见得远一点，那是因为我站在巨人的肩上的缘故。"他还将自己比喻成一个在海滨玩耍的小孩子，认为自己只是"有时很高兴地拾着一颗光滑美丽的石子儿，真理的大海还是没有发现"。可以说，无论做人还是治学，谦虚都是一种智慧和气度。所以，生活中，我们要时时保持谦虚的姿态，做一个有气度、智慧的人。

4. 真正强大的，处于下位

一个成熟的人是不会去刻意寻求外在奖赏的，因为故意做作的奖赏对人有时是一种愚弄。

——周国平

良好的气质需要强大的内在精神做支持，而谦虚则是一个人内在强大的表现之一。老子曾有"柔能胜刚"的观点，在老子看来，"柔"是事物发展的恒远之道，也是一个人立于社会的长存之法和刚强之道。其在《道德经·第七十六章》中有言："人之生也柔弱，其死也坚强。草木之生也柔脆，其死也枯槁。故坚强者死之徒，柔弱者生之徒。是以兵强则灭，木强则折。强大处下，柔弱处上。"意为人在活着的时候身体是柔软的，死了以后就变得僵硬了。草木生长时是柔软脆弱的，死了以后就变得干硬枯槁了。所以坚强的东西倾向于死亡，柔弱的东西倾向于生存。因此，兵势强劲就会遭到灭亡，树木繁盛就会遭到砍伐。凡是强大的，总是处于下位；凡是柔弱的，反而居于上位。以老子的观点来看，真正强大的东西，都是处于下位的，是谦卑的，是不争的。就像大海一般，因为处于低位，所以才得以容纳百川；亦如水般，因为总是处

79

于低位，所以才能滋润万物，是异常强大的。人亦是如此，真正有能力、内在强大的人，都是沉稳的，淡定的，谦卑的。因为他们内心是丰盈的，是智慧的，所以能淡定地面对外界一切的不稳定与不确定因素，在与人发生冲突或产生矛盾时，总会置自己于下位。遇人遇事都能处于下位的，都是强大的，都是有气度的，这样的人气质自然差不到哪里去。

在一条菜市街上，一位卖果蔬的老妇人，做人很是厚道，对客人也极为热心，无论面对怎样刁难的顾客，她都能和颜悦色地对待。另外，她的果蔬不仅新鲜，而且价格也极为公道，所以，生意总是特别好。这让与她相邻的几家小商贩很是不满。为了出气，他们每天在扫地的时候，总会有意地将垃圾扫到她的店门口。面对这些，这位老妇人看在眼里，却未与他们计较，而且每次还会把垃圾扫到角落里堆起来，然后又将店门清扫得干干净净。

后来，有一位热心的人忍不住问她说："周围所有人都将垃圾扫到你家大门口，你为什么一点脾气都没有呢？"老妇人笑着说："在我们家乡有个习俗，过年的时候大家都会把垃圾往家里扫，因为垃圾就代表财富，垃圾越多，就代表来年你赚的钱也越多。现在每天都会有人把垃圾扫到我这里，代表我的财运不错，我感谢他们还来不及呢，怎么会发脾气呢？"

就这样，老妇人每天都会在清扫垃圾的过程中，将有用的收起来，变废为宝，为自己带来了一笔额外的收入。

面对他人的故意挑衅，很多人都会大动干戈，怒火中烧。而这位老妇人却能欣然接受，还将垃圾变废为宝，为自己赢得财富，而且还化解了矛盾，这难道不是一种强大的表现吗？我们虽然不知道那位老人的长相如何，但单单她的做法就能让人心生好感，她的良好气质就能让人折服。

其实，一个人真正强大的时候，就是他懂得示弱的时候，无论在情场上，交际场上还是职场上：当与爱人发生冲突时，他不会强硬与之争吵，而是懂得用宽容和大度取得和解；当与朋友相处时，他总是会把朋友置于高位，用谦卑、体贴赢得对方的好感和青睐；当工作遇到挫折时，他不会强拼强攻，而是暂时放下，让自己的心平静下来后，再去想办法解决。这样的人，因为有厚实的内在知识底蕴和修养做支撑，所以他们不会去计较个人的得与失，更不会在乎周围人对他的冒犯，也不会在乎他人的误解和世俗偏见对自己的评价，因为他的内心本身就是一个完美的世界，为此他不会色厉内荏，外强中干，更不会随意对人发脾气。这样的人，对自己与周围的人和世界都有极为强大的信念，这种信念能让他坚持自我原则，与世界万物和谐地相处，并时刻置自己于低位。在现实社会中，这种"以柔克刚"的低调、谦卑的做人处事方法，也值得我们学习。

有这样一个故事：

美国著名作家马克·吐温曾接到一封刚从学校毕业的年轻人的信。信中写道："我刚刚走出校门，想到美国西部当一名新闻记者。无奈人地生疏，不知马克·吐温先生能否帮忙，替我推荐一份工作？"

马克·吐温回信为这个年轻人提出了求职设计的"三步骤"："第一步，向报社提出不需要薪水，只是想找到一份工作锻炼自己；第二步，到任后努力去干，默默地做出成绩，然后再提出自己的要求；第三步，一旦成为有经验的业内人士，自然会有更好的职位等着你。"

年轻人认真地按照马克·吐温的"三步骤"去做，结果在职场上不仅得到了"一席之地"，而且还获得了他心仪的"好职位"。

起初，不计报酬薪水，可以说是最大程度的"低就"了，但同时，由此获得一个锻炼自己的工作平台，既可以从中获得经验与资历，又可以借此展现自己的能力和才华。这种做法，可谓聪明，为他以后的"高成"奠定了坚实的基础。这样的人与那些因嫌待遇低而不入岗的人相比，难道不是强大的吗？可见，老子所谓的"积弱图强，守弱保刚"是一种高明的做人做事原则。正如一位哲学家所说："人生中不争就是大福，不抢就是自在，不辩就是智慧，不贪就是福祉，就是解脱，知足就是放下，利人就是利己。"

5. 放下"身架"，才能提升"身价"

人不能自卑，自卑把自己看得太低，什么事都做不成；人不能自傲，自傲把自己看得太高，最后没有人能看得起你。

——俞敏洪

在生活中，我们经常能够看到这样的人，他们表面清高，不愿意放下自己的身架，因为他们在心里面总是觉得自己很高贵；与那些看似低俗的人混在一起会降低自己的身价。然而，如此清高、不肯放下身架的人，并没有如愿地修炼出应该有的气质，反而因为缺乏内涵而无定力。

著名畅销书作家曹又方说："有力量的人往往是温柔谦逊的。条件越好，越要温柔谦逊。"真正聪明的有气质的人，从来都不会将自己放在高高的宇宙上，而是总怀着谦逊的态度对待身边的人和事，从而能够获得成功。

当一个人因为声名远播或者对不及自己的人摆出傲慢的姿态，这样的人只会令人嗤之以鼻。无论你是一个多么了不起的人，不要看低你身边的任何人，要放低自己的身架，放下你的学历和家庭背景，让自己回归到"普通人"中。不要总是喜欢用批评的眼光看待别人，人人都需要欣赏，每个人都有自己的优点。一个不愿意放下身架的人，会因为其颐指气使的气质被人所厌弃，这也在无形中贬低了自己。相反，一个谦虚和气的人，无论他的地位有多高，都会放低自己，以柔和去征服人心，从而在无形中提升自己的"身价"。

刘怡是深圳一家电子厂的高层管理，一次，她部门的一位女工在上班时不慎被轧伤了脚，刘怡知道后，马上派车把她送到医院治疗。女工出院之后，怕自己留下残疾而工作不保，便战战兢兢地去找刘怡。听了女工的哭诉，刘怡说："你是在公司受的伤，将心比心，我十分理解你此时的心情。你放心，我们不但不会将你推出公司，还会根据你现在的身体情况，安排一些轻便的工作给你。"这番柔和的话语，如绵绵细雨，滋润了员工的心，使其感激涕零，全公司的员工获悉此事后，也分外感动，她们如何也想不到，如此高高在上的"高管"竟然如此善解人意，充满人文关怀。

懂得主动放下"身架"的人，是富有人情味的，而这种人情味无形之中增添了他们的气质。他们在任何时候都会用自己的心去体恤对方的处境和心境，把别人的困难当自己的困难，让人心存感激之情。同时，他们在面对挑衅行为时，也不会以硬碰硬，而是会运用自己的智慧和口才，采取以柔克刚的战术去摆脱纠缠。

要知道，每个人都希望能够被别人重视，希望自己能够优于他人，因此，有些人就希望踩着别人来显示自己的高贵。其实，能够放下架子的人才能用气质彻底征服别人；能够放下身架的人，其思想都是富有高度的弹性的，不但观念不会刻板，而且能够收集到各种信息，让自己抓到更多的机会。一个人，即便是你有闭月羞花的容貌，才高八斗，但是如果你不能够放下自己的身架，是不可能抬高自己的"身价"的。

第 8 章

内敛：“内圣外王”的精神品质

内敛也是一种强大的内在精神品质。内敛是一个人情感的收缩，是内心强大的表现。内敛并不是旁若无物，而是内心有一股强大的力量。北大人认为：人与人交往是有引力和斥力的共同作用的，内敛的人具有吸纳的特点，他们富有吸引力，好像宇宙中的黑洞吸引光线一般。内敛的人，其人格力量能吸引周围的人，他们具有强大的包容性，具有大海一般容纳的性格。同时，他们又具有开放性，能够自由与外界交换信息和情感，自由地输出爱与知识，与环境融为一体，从而达到一种圆融的境界。内敛的人与别人交往，时间一长，能使另一个人把他内化，从而也变得更加成熟；两个内敛的人会相互吸引，达到良好的人际互动。所以，要塑造个人良好的气质，一定要提升你的“内敛”的品性。

1. 内敛是一种"内圣外王"的精神品质

太热闹的生活始终有一个危险，就是被热闹所占有，渐渐误以为热闹就是生活，热闹之外别无生活，最后真的只剩下了热闹，没有了生活。

——周国平

北大人认为：内敛的人身上有一种"柔"的气质，他们无为而治。当然了，这里的"无为"是指内心的平静，然而无为无不为，他们又很积极地行动，正如儒家所讲的"内圣外王"的精神气质。作为中国的一流学府，北大用其深厚的文化底蕴造就了北大人外儒内道、外儒内佛的品性，他们的内心是平静的，很少与人发生冲突矛盾，而行动却是敏捷的。

二三十年前，北大一位扛着行李的新生到学校报到时，看见一位穿旧式中山装的守门人模样的老人，便请求老人帮忙照看一会儿行李，自己去报到。老人没说什么，答应了，老老实实地在那儿守着。9月的北京天气还很热，旁边有人说："您回去吧，我替他看着。"可老人说："还是我等他吧。换了人，他该找不着了。"待忙过注册、分宿舍、买饭票、领钥匙……已时过正午，这位新生这才想起扔在路边托人照看的行李。一路急找回去，只见烈日下那位老者仍待在路旁，手捧书本，照看地上的行李。次日开学典礼，这位新生异常惊讶地发现，昨天帮他看管行李的那位慈祥老者正端坐主席台上，原来他竟是大名鼎鼎的北大副校长季羡林教授。

季羡林帮学生看行李的故事正说明了北大人"内圣外王"的精神品质。作为德高望重的国学大师，身兼北大副校长的季老，在面对学生的请求的时候，他并没有显露身份，而是以平和的心态去接纳，这样的人谁能说其没有气质呢？

内敛者，都是 "仁" 者。面对一些不公平的待遇，他们内心的不平衡感会大大少于过于注重自我的人，因而难得生气和抱怨。他们总是会默默地付出，并在付出的时候，获得的快乐常常使他们的心境处于一种愉悦之中。他们行事光明磊落，常处在坦然的心境中，没有焦虑、惊恐或者仇恨相伴。

生活中，哪些人具有内敛的精神气质呢？《老子》第十章讲道："载营魄抱一，能无离乎？专气致柔，能婴儿乎？" 翻译成现代汉语就是：精神与身体和一，可以不相分离吧？结聚精气以至柔顺，可以像婴儿一样吧？所以在老子看来，婴儿的特点就是能够结聚精气，这是神情内敛的另一种表达。每一个婴儿都是内敛的人，自我实现的人也是内敛的人，他们经历了绚烂以后，重新回到像婴儿一样安详而自由的境界。每一个正常人一定程度上都具有一些内敛的特点和内敛的时刻。曾奇峰老师将这种整合人格的各个部分的统摄性力量称为超我，并且指出 "超我" 就是心灵。

生活中，我们该如何打造内敛的个性，让自己看起来更有力量，更具良好的气质呢？其实要达到内敛的途径就是反思和体验，尤其包括情感的能力。它不同于佛教徒，内敛的人不是没有情感，而是情感历经丰富甚至狂风暴雨，极尽绚烂，复归于平淡，是情感的膨胀、宣泄之后的收缩。那是一种 "荣辱不惊，看庭前花开花落；去留无意，任天上云卷云舒" 的人生至境。

2. 内敛者与自己能和谐地相处

内敛并不是让人封闭自己。

——叶舟

内敛的人有一个特点便是能与自己和谐地相处。不可否认，在现代喧嚣浮华，热闹非凡的社会中，独处对于很多人来说是件很奢侈的事。人们习惯了热闹，习惯了熙熙攘攘的人流，习惯了嘈杂喧闹的声音，习惯了觥筹交错的日子，假如没有这一切，人们便会感到无所适从。很多人认为只有热闹的生活才是真正的生活，热闹以外就是孤独和冷清，这种感觉是片刻也不能忍受的，于是试图让自己分分秒秒都沉浸在欢乐的海洋里，结果所得的不过是一种热闹的气氛，内心的孤独和茫然却在与日俱增。

真正的孤独不是没有人陪伴，而是置身在热闹的人群里茫然四顾，热闹是别人的，不是自己的。人们误以为活跃于各大社交场合，成为各种聚会中的一分子，感受喧哗笑语，就不会被排斥在主流社会之外，并且真正过上了幸福的生活。事实上，超负荷的社交并不能提升人的生活质量，反而会让生活变得空洞无聊。正所谓物极必反，如果让热闹占据了你的全部生活，得不到片刻的清净，那么你是很难真正感受到人生的乐趣的。

北大学者周国平说："一切严格意义上的灵魂生活都是在独处时展开的。和别人一起谈古说今，引经据典，那是闲聊和讨论；唯有自己沉浸于古往今来大师们的杰作之时，才会有真正的心灵感悟。和别人一起游山玩水，那只是旅游；唯有自己独自面对苍茫的群山和大海之时，才会真正感受到与大自然的沟通。"内敛者与常人不同，他们很享受独处，并且认为人只有在独处时才能随心所欲，无须迁就任何人，才能获得心灵的最大自由。

　　生活中，有些事情是和热闹无关的，比如品一杯香茗，读一本好书，欣赏一首流金岁月的经典歌曲，倾听海浪的声音，感受大自然的莽莽苍苍，抑或做自己喜欢和热爱的事情，譬如练习绘画、书法等。如果把这些怡情养性的内容全部省略，人生就会少了许多味道，而且不利于排解工作和生活上的压力。热闹的场合并不适合减压，它会让人更加浮躁不安，只有适时独处，你才能更好地经营自己的生活。

　　转眼就到了十一长假，裴钧早就提前做好了安排，他特地制定了一个时间规划表，力图让自己的假期过得热热闹闹、有声有色。第一天他要参加朋友聚会，在海边好好吃顿正宗的烤肉；第二天他要随旅游团游览杭州西湖，欣赏一下西湖美景；第三天他要赶赴老同学的酒宴；第四天和同事聚会；第五天和常去俱乐部健身的新朋友聚聚；第六天陪客户钓鱼；第七天他也不知道该和谁一起度过，于是便想先过完这六天长假再说吧。

　　第一天他过得并不愉快，尽管烤肉的味道很不错，气氛也异常热闹，但聚会上出现了很多陌生人，熟悉的朋友大都忙着跟新结交的伙伴聊天，他觉得自己受到了冷落，心里很不是滋味。第二天他也没有玩尽兴，导游一边解说一边带领大家走马观花似的往前走，他还没来得及好好欣赏风景，就得被迫跟着队伍继续赶路，一点游玩的兴致都没有了。第三天和老同学聚会他忽然感到彼此疏远和陌生了，毕竟大家都很忙，难得一聚，可惜物是人非，谁都不是当年的样子了，他们也找不回校园时代纯真的友情了。第四天和同事聚会时，大家畅谈的话题总是离不开工作，有的同事还能把办公室里的无聊琐事当成段子讲；他本来工作压力就大，听到别人休假时还在热火朝天地谈工作，更是受不了了，直到聚会结束他才松了一口气。第五天和新朋友聚会，他依旧感到不开心，因为他发现他和这些朋友脾气秉性合不来。第六天应客户之邀钓鱼，情形更糟糕，他的心思根本就不在鱼上，可能是职业病的原因，看见客户就想到业务和签单的事情，几乎整个上午他都在游说客户跟自己签下一笔大单，客户说可以考虑，不过暂时还不能给他确切的答复。

见了客户以后，裴钧心理压力更大了，假如业绩一直不理想，他的年终奖金就要泡汤了，他本想借助长假好好舒缓一下心情，没想到这一场场聚会并没有起到这样的作用，反而使他更加心烦意乱了。第七天他哪也不想去，只想一个人安静地待在家里，他拿起大学时代的吉他，静静地弹了一会儿，心情出奇地好。随后他到海边漫步，光着脚踩在沙滩上，任凭海浪冲刷脚面。阳光照得他全身暖融融的，习习的海风吹拂着他的面颊，他从未感到如此惬意和自由，仿佛一个人独霸了所有的海域，一切烦恼似乎在一瞬间全部烟消云散了。他在热闹的聚会中没有清理掉的情绪垃圾却在独处的一刹那全部消化掉了，他觉得难以置信，不过这种释然的感受却是真实的。

叔本华很不赞同凑热闹的行为，他认为如果一个人只喜欢热闹、惧怕独处，主要是想借助喧嚣和刺激掩饰内心无尽的空虚和惶惑不安，而实际上适得其反，一个人越是寄情于热闹的刺激，越会感到生命虚无。事实上人只有在独处时才能让内心更加丰盈饱满，许多人因为耐不住片刻的寂寞而拒绝独处，可是比起独处中的寂寞，热闹中的寂寞更加让人难熬。其实能享受寂寞的人方能超越寂寞，乐于独处的人更懂得如何消解烦恼、超越孤独，学会独处，我们一定会受益良多。

3. 耐得住寂寞，享受一个人的美好时光

在舞曲和欢笑声中，我思索人生。在沉思和独处中，我享受人生。

——周国平

作为一个社会人，如果缺乏与外界的必要交流，就会成为孤独落魄

的边缘人;可是过度交流,就无法从纷杂的人情世故中解脱,超量的应酬和交际会消耗我们的心理资源,使人烦躁焦虑,不堪重负。内敛者都是能耐得住寂寞的,他们认为,一个人独处所起的作用,无异于一次心灵按摩,它好比一场精神上的流浪,为你提供了一个逃避喧嚣的港湾,让你的心灵得到充分放松和休憩,同时给了你一次重新回归自我的机会。

北大学者周国平说:"独处是人生中的美好时刻和美好体验,虽则有些寂寞,寂寞中却又有一种充实。独处是灵魂生长的必要空间,在独处时,我们从别人和事务中抽身出来,回到了自己。这时候,我们独自面对自己和上帝,开始了与自己的心灵以及与宇宙中的神秘力量的对话。"意思是身处闹市中的我们应该学会享受独处,感受那份寂静的美好。他又说:"怎么判断一个人究竟有没有他的'自我'呢?有一个可靠的检验方法,就是看他能不能独处。当你自己一个人待着时,你是感到百无聊赖、难以忍受呢,还是感到一种宁静、充实和满足?"这就意味着一个在独处时兴味索然的人自我人格是有缺憾的,在欢宴散尽、独自默默待着的时候依旧感到平静而幸福的人,才算拥有完整自我。因为自我感受源自内心,而不是依托于外界环境,脱离了外部的背景声音就不能独存的人,人格是不健全的。

贾雯是朋友们的开心果,她热情开朗、口齿伶俐,最擅长调节气氛,随口说的笑料都能让在场的人笑得前仰后合。因为人缘好,朋友们的任何一次集体活动,都会邀请她前来参加,无论是 K 歌、逛街、聚会、打牌,她都表现得风风火火。她乐此不疲地参加各大社交活动,除了工作,几乎把全部时间都花在了社交上,无论是老朋友,还是刚结识两天的新朋友,只要有人邀请她参加聚会,她都会立即答应。有时无人向她发出邀请,她就会主动请朋友们到家中做客,有时还大方地请朋友到外面吃大餐。

其实贾雯的身体状况并不好，常感到精力不济，可是为了不让朋友们扫兴，每次参加聚会都会喝到不醉不休，第二天早晨醒来总是头痛欲裂。但她依旧执着地消耗着自己的身体健康，她害怕一个人，哪怕自己独处十分钟都感到受不了，一个人吃饭时她吃不下任何东西，一个人走路时她总是茫然四顾，回到家里面对空荡荡的房间她感觉几乎要窒息了，直到沉沉睡去，她才能摆脱惊恐。贾雯并没有从频繁的社交中获得心灵的安静，她总是强颜欢笑，装出一副快乐的样子，热闹散去后，就空虚得无以复加。

不是每个人都能享受一个人的时光，但是为了拥有一个健康心理，我们必须给自己一点时间，给自己一个空间，慢慢学习和练习独处。首先我们要学会专注，尽量抽出时间专心致志地做一件事情，比如读书、画画、听音乐、看电影，逐渐培养独处的能力。刚开始独处时你也许感到不习惯，总想给别人打电话或是聊微信，这时你可以通过转移注意力的方式来克服焦虑情绪，比如整理衣柜、书桌或者坐下来喝杯清茶。还有一点最为重要，那便是要选择最能让自己放松的场所独处，避开酒吧、游乐场等令人无法静心的场所，可选择在家里、咖啡厅或者公园等较为安静的地方，让自己的心灵慢慢恢复平静，在沉静和独处中思索人生，像对待老朋友那样与自己倾心交谈，以便发现真实的自我。

4. 用理智驾驭情感，用情感平衡理智

可爱者不可信，可信者不可爱。

——王国维（曾任北大研究所国学门通讯导师）

内敛者内心是平和的，他们遇人遇事从不冲动、莽撞，并善于用理智去驾驭情感，用情感来平衡理智。要知道，一个过于理智的人是无趣

的, 他们呆板、保守的个性让人觉得枯燥无味; 而相反, 一个过于感性的人则是易冲动的, 他们过多的情绪泛滥会让人无所适从。而内敛者则可以极好地平衡两者的关系, 善于从理智和感性间找到平衡点, 能让人感觉到清醒而又不失亲和力。

纵观哲学史, 情感与理智对立并峙, 出世与入世难以并存, 而绝大多数的哲人都生活在难以调和的矛盾中, 孔子主张积极入世, 却被当时的时代所拒, 最终只能放下家国天下的理想, 把精力放在教书育人上, 常年过着出世的生活; 庄子不愿意为鱼肉百姓的统治者效力, 敢于安贫乐道、清静无为, 追求绝对自由的精神世界, 然而他并非完全不关心红尘世界, 依旧心系天下, 为苍生的苦难而感到心痛。曾任北大教授的王国维同样是一个充满矛盾的人物, 他的意趣志向经常和现实发生剧烈的冲突, 作为哲人, 他有很强的思辨能力, 作为诗人, 他又非常多愁善感, 理性和感性的冲突常常使得他无所适从, 这种矛盾造成了他精神上的痛苦, 却也催生出了许多佳作, 使他在多个领域做出了不朽的贡献。可以说, 王国维先生将北大的内敛个性演绎得淋漓尽致。

从王国维对溥仪和罗振玉的态度上, 我们可以看出其游走在理智和情感中的挣扎。王国维虽受传统思想影响, 赞同帝制, 然而却坚决反对溥仪受日本人利用, 在中国组织伪满洲国。而罗振玉是坚决拥护伪满洲国的, 溥仪也希望通过建立伪满洲国重拾帝王的荣光。在理性上, 王国维反对二人的做法, 认为他们此举是完全错误的, 可是在感性上他并不希望与他们交恶。

王国维曾经是溥仪的老师, 对溥仪自然有几分师生情谊; 和罗振玉更是至交, 两人同为国学大师, 互相赏识, 交情深厚, 罗振玉还曾资助过王国维求学, 后来二人由君子之谊结成了儿女亲家, 王国维的长子与罗振玉的三女儿结为了伉俪。但在一些国家问题上, 王国维选择了理智, 他没有加入罗振玉的阵营, 二人从此决裂。失去罗振玉这一莫逆之交，王国维的内心自然是极其痛苦的，可是对于他不认同的事情他是不可能妥协的。

王国维和罗振玉之间的恩怨纠葛，是其理智和情感相互作用的结果。理智上的清醒和情感上的敏感细腻造就了王国维哲人和诗人的双重身份，他把哲学当成医治情感痛苦的良药，可是又摆脱不了现实世界强加给他的精神创痛，他终于明白，人是情感与理性的复杂产物，要做到绝对的理性或是绝对的感性都是不可能的。事物是矛盾双方的对立统一体，没有一方可以单独存在，完美的状态也是不存在的，故而可爱的不可信，而可信的不可爱。

人是感情的动物，我们不能打着"存天理，灭人欲"的旗号，泯灭自己的真性情，可是又不能过于感情用事，弃理性于不顾，而应该在感性和理性之间寻找微妙的平衡点，让自己的行为符合理性的范畴，同时尊重自己的真实感受和情感需求。当然做到这一点是非常有难度的，人类本身就是复杂的矛盾体，既具有原始的欲望和复杂的情感，又受到文化、道德、礼俗的影响，要真正做到无愧无悔就必须加强自身的修养，致力于调整和约束自身的行为，既不能让感性脱缰，也不能让自己变成冷酷的理性生物。

5. 敢于剖析自己：自省责己，贵于责人

我的确时时'解剖'别人，然而更多的是更无情面地'解剖'自己。

——鲁迅（作家，学者，曾任北大教授）

善于自省是内敛者的一个个性特点，他们善于自律自省，责己甚于苛人，这种精神品质，能彰显出一个人强大的内心世界和儒雅的精神气质。

早在两千多年前，孔子就在《论语》中多次提到了自律自省的做人理念。他说："见贤思齐焉，见不贤而内自省也"，"躬自厚而薄责于人"，"内省不疚"，主张"过则勿惮改"，"不贰过"。曾子提出了每日三省己身的思想。比起用思想和文字解剖别人，曾任北大教授的鲁迅更执着于解剖自己。他曾经说过："多有不自满的人的种族，永远前进，永远有希望。多有只知责人不知反省的人的种族，祸哉祸哉！"他常常提醒别人，同时时刻鞭策自己，拒绝去做至高无上的导师，而甘愿做引导青年上进的"人梯"，他"解剖"别人的时候不留情，"解剖"自己的时候更加无情；他近乎苛刻地审视自己，不允许自己有一丝一毫的懈怠，为了不让自己变成不知进取的废物，他拒绝接受诺贝尔奖的提名。

1925年，鲁迅误会了一个姓杨的青年，曾经公开致歉，消除影响。事情的大致经过是这样的：有一天一个20多岁的男青年粗鲁地闯进了鲁迅的家里，他自称是师范大学的学生杨树达，并伸手向鲁迅要钱，大言不惭地说自己穷得吃不起饭，鲁迅必须支付饭票。鲁迅对这位青年的行为很是不解，便问道："你怎么找我要钱呢？"杨树达理直气壮地说："你在学校教书，又会做文章，自然赚了不少钱。"鲁迅提高了警惕，认为这青年是故意来找茬儿的，非常危险，于是把藤椅拉了过来，随时准备自卫。他告诉杨树达说："我没钱，你自己挣去！"话音刚落，杨树达就躺倒在鲁迅的床上，嘴角和眼角都在颤抖，仿佛是神经痉挛，当时鲁迅认为他是假装的，因此没有理会，杨树达躺了一会儿，起身离开了。

鲁迅认为杨树达是别人派来故意捣乱的，于是写了一篇文章，对幕后操纵者进行了严厉的警告。没想到一周以后，学生告诉他那个寻衅滋事的杨树达是个精神病患者，当天确实是神经错乱。鲁迅一听，感到非常歉疚，他怎么能诬陷一个无辜的病人呢？因为文章已经发出去了，他再想收回已经不可能了，为了解除误会，他立即着手写了一份《辩证》声明："现在我对于我那记事后半篇中神经过敏的推断这几段，应该注销。……我只希望他快速恢复健康。"他又发表了一篇名为《记"杨树达"君的袭来》的文章。

"杨树达事件"让鲁迅十分自责，他觉得仅仅是发表"声明"不足以消除影响，于是又给编辑孙伏园写了一封言辞恳切的信，其中有这样一段："自己感到太易于猜疑，太易于愤怒。他已经陷入这样的境地了，我还可以不赶紧来消除我那对于他的误解么？……责任即由我负担。由我造出来的酸酒，当然应该由我自己来喝干。"他还请求孙伏园增加版面公开发表这封信，费用全部由自己承担。

有人认为鲁迅是个刻薄的完美主义者，毕生都在追求理想的完美、人格的完美和道德的完美，或多或少有些多疑和尖刻，可是通过杨树达事件，我们可以看到他的诚挚和坦荡：毫无疑问，他是个坦白求实的人，自己做了错事，绝不遮掩，而会选择毫不犹豫地公开承认。人们总是在强调鲁迅是一位文笔犀利的社会批判家，却忽略了他身上那种自省和自悔的可贵精神，这也是北大人的精神气质。

剖析别人、批判别人往往是没有负担的，可是反省自身的行为、真诚地忏悔，甚至公开自己的错误不是所有人都能做到的，多数人都像鸟儿爱惜羽毛一样爱惜自己的名声，公开低头认错难免有诸多顾忌，可是真相早晚都会浮出水面，而掩饰则会让自己的信誉破产。追求品德高洁的孔子和追求人性完美的鲁迅，给我们上了生动的一课，所谓："知错能改善莫大焉"，我们只有有勇气面对犯错的自己，才能成就更美好的自我。

6. 内守本心，不求外在的奖赏

人做事情，或是出于利益，或是出于性情。出于利益做的事情，当然就不必太在乎是否愉快。我常常看见名利场上的健将一面叫苦不迭，一面依然奋斗不止，对此我完全能够理解。我并不认为他们的叫苦是假，因为我知道利益是一种强制力量，而就他们所做的事情的性质来说，利益的确比愉快更加重要。相反，凡是出于性情做的事情，亦即仅仅为了满足心灵而做的事情，愉快就都是基本的标准。如果不感到愉快，我们就必须怀疑是否有利益的强制在其中起着作用。

——周国平

内敛者做事只凭本心，他们不会像小孩讨要糖果那样拼命去追求外界的奖赏。这样的人不会把别人的评价当成自己拼搏奋斗的目标，而会更加注重自己内心的真正感受以及内在的精神价值。这样的人不由自主地被美好的事物所吸引，像园丁一样默默开辟出一片真正属于自己的心灵园地，全力以赴地做好自己热爱的事情；他们以跋涉不止、奋斗不息的精神追求自己的人生理想，让兴趣而非利益引航。由于克服了各种私心杂念，并且乐在其中，反而更容易取得成功。毫无异问，这样的人也是最有气质的。

心理学家曾做过这样一项实验，实验对象为一群中学生，心理学家要求每位学生填写一份关于人生规划的调查问卷，并根据自己的真实意愿做出回答，大部分学生表示长大后会选择更有发展前途的职业，仅有少量学生表示长大后会从事自己感兴趣的职业。20 年后，那些受利益驱动择业的学生，有的虽然小有成就但却活得无比痛苦，有的表现平庸却不甘心，活得无比挣扎，而少数跟随自己的兴趣奋斗的学生大多在各自的领域取得了傲人的成就，并且生活美满，过得非常充实和满足。该实验说明，为满足自己心灵需要而做事，是一种成熟睿智的表现，这样的人知道自己真正想要的是什么，所以更容易得偿所愿。为了外界奖赏而埋没自身的个性，忽视自己的兴趣盲目奋斗的人，无论成败，都不可能感到愉快和满足。

有一位年轻的书法家十分渴望出人头地，为了成为书法界的后起之秀，他耗费了不少心血，几经周折终于成功拜师于书法大师的门下，书法水平有了很大的提升，可惜他的字迹一直没有得到书法大师的认可，这让他非常苦恼。书法大师是一个追求完美的人，年轻的书法家每写一幅字都会请老师过目，无论他的字有多么漂亮，这位德高望重的老师总能挑出毛病，不是说他收笔太过潦草，就是说某一笔画写得不好看。有一天，年轻的书法家将一幅字连续写了八十多遍，依旧没有得到老师的认可，到了中午，老师到餐厅用餐去了。年轻的书法家这才松了一口气，他想躲开老师那双挑剔的眼睛，自己在写字时就不会那么紧张了，于是高高兴兴地挥毫泼墨，很快就写好了笔力苍劲的四个大字。

老师用餐回来，看到弟子的这幅作品，忍不住惊叹起来："你终于悟到书法的精髓了，这幅字堪称书法中的精品啊。"得到老师的称赞，年轻的书法家很高兴，不过他又感到有些困惑，他对老师说："我一心想着写出让老师认可的好字，结果所有的作品都不合格，刚才我脑中一片空白，什么都没想，不想却发挥出了最高水平，这是为什么呢？"老师说："钻研书法本来就应该心无旁骛，记住，你写字不是为了获得我的认可，也不是为了外界的褒奖，而是为了自己的追求。"年轻的书法家茅塞顿开，他谨遵老师的教诲，若干年后，终于成为一名杰出的书法家。

过分在意外在的奖赏，心灵就会有所羁绊，结果不是选错了道路，就是在惴惴不安中抑制了自己潜能的发挥；只有心无旁骛，追求自己内心真正渴望的东西，才能获得真正的快乐和平静，书写出精彩非凡的人生。

第9章

胸怀：人最宝贵的精神气质

北大人认为：一个人的良好气质，需要宽仁大度的胸怀来支撑。可以想象，一个人如若受不了一点委屈，不明事理，不懂进退，不懂得包容他人，遇事总爱斤斤计较，你会觉得他有吸引力吗？所以，一个人良好气质的形成，需要靠博大的胸怀去滋养。胸怀大者，能包容万象，懂忍让、知进退，能平和地对待周围的一切，不轻易将负面情绪外露，这些都是成就大业的基本素质，也是提升个人修养和气质的人格表现。

1. 胸怀能升华个人的气质

真正的大理想，是一种"登泰山而小天下"的胸襟气象和浩然之气。

——傅斯年（前北大校长）

卡耐基说过这样一句话："首先必须端正态度，然后致力于升华气度和夯实厚度。态度错偏、气度促狭、厚度浅薄的人，上帝也帮不了他成功！"在卡耐基看来，一个成功者必须要以宽仁大度去升华个人气质和夯实自身的厚度，这是必要因素。可见，宽厚的胸怀气度是一种素养，它能升华人的气质。

关于胸怀，北大企业家俞敏洪说："什么叫胸怀？海纳百川，纳天下英雄进入你的麾下；纳天下思想进入你的头脑，转换成你的智慧，这就是胸怀。理解世界的各种发展，各种现象并且有志于改变其中的丑恶，并且善于发扬自己的美好，这就是胸怀。"可见，北大人理解的胸怀是一种风度，一种境界，一种人性的魅力，更是一种宝贵的精神气质。俗话说"海纳百川，有容乃大"，心胸广阔的人有一种容人之美，三教九流各色人均能被其接纳，所以，这类人最具领袖气质，他们永远是人群中的佼佼者。

《道德经·第五章》中也提及："天地不仁，以万物为刍狗；圣人不仁，以百姓为刍狗"，即天地没有好恶的意识，圣人对百姓（所有的人们）也是平等的，没有喜爱或是憎恨某一部分人。在老子看来，大爱无憎，大道无疆，所谓的"大道"是一种非常阔大的心胸。人的心如果能够像虚空一样，容得下万事万物，而且万事万物在他的心中都是平等的，这样的人就是老子所谓的圣人，这样的人也是无所不能、无事不成的。

春秋时期，恰逢楚王的大寿之日，于是楚王请了诸多大臣前来喝酒助兴。席间有美女载歌载舞，桌子上摆满美酒佳肴，屋子里灯光摇曳。楚王看到如此热闹的场景，兴奋之际还命令他两位最受宠爱的美人许姬和麦姬向各位大臣敬酒。

一时间所有的人都沉浸在热闹的气氛当中。这时候，突然一阵狂风刮来，把所有的灯都吹灭了，屋子里漆黑一片。这时，席上一位官员乘机摸了一下许姬的手。许姬一甩手，扯了他的帽带，然后匆匆回到位子上，并悄悄地告诉楚王："大王，刚才台下有人调戏我，情急之下我扯断了他的帽带，你赶快叫人点灯，看看到底是谁没有帽带，就知道是谁欺负我了。"

楚王听了，非但没有命令手下人点灯，反而大声地向各位臣子说："今天晚上我只希望在座的所有人都开心，也希望与各位一醉方休。现在，我请大家把帽子都脱了，今晚我们痛饮一场。"众人都拍手叫好，也不再拘束自己了，纷纷脱去了帽子。这件事就这样过去了。

后来，楚王率兵攻打郑国，其中有一名健将独自率领几百人，为三军开路，一路过关斩将，直通郑国的首都。后来才知道，这个人就是当年调戏许姬的那一位大臣。原来当楚王替他解了围时，他就一直想报恩于楚王，并发誓今生只效忠于楚王一人。

故事中的楚王如果跟那个大臣剑拔弩张，甚至大动干戈，他们之间就很可能产生一道难以逾越的鸿沟，甚至还有可能成为敌人。但是楚王没有那么做，而是容了天下难容之事，宽容地对待了那位大臣。

回顾历史，齐桓公能够不计管仲一箭之仇，任用管仲为宰相，让他管理国政，最终成就了霸业；李世民能够不计当年魏征曾劝谏李建成杀掉他的前嫌，又重用了魏征，最终统一了天下。设想一下，如果这些霸主没有大度量，当时那些身负聪明才智的谋士们能有几个愿意为其效力呢？也许他们可以凭借当时的权贵成名，但终究是难以成为有用之大器的。

战国时期，赵国有一个叫蔺相如的大臣，由于屡次护驾有功，深得大王的器重，所以官职一路上升。这便引起赵国大将廉颇的忌妒与不满，便处处与蔺相如作对，扬言一定要使他难堪。但是，蔺相如在面对廉颇一次次无理取闹时，只是笑而避之。这让其他大臣大惑不解，蔺相如只说了一句："先国家之急而后私仇。"没过多久，这句话便传到了廉颇的耳朵里，也正是这句话使得廉颇瞬间消除了对蔺相如的偏见，从而有了"负荆请罪"这个故事。廉颇对于蔺相如如此宽宏大量而深感惭愧，从此两人成为至交，一起为赵国效命。

所以说，学会放大自己的心胸，于人于己都是十分有益的。认识到这些，你再回首就会发现，当初让我们觉得天都要塌的许多困难，在现在看来只不过是一些鸡毛蒜皮的小事而已；当初那些让人感到快要窒息的斥责，现在看来也显得极为可笑了；过去那些令自己万分痛苦的事情，现在也只是供自己茶余饭后闲聊的一个话题罢了……一切的一切不都过去了吗？再痛苦、再不幸也只是生命的一个过程而已，只要把心灵放大一些，不要将那些不快留在我们的眼前与心中，一切都会成为永远的过去。

所以，不要太去计较眼前的一些痛苦和烦恼，那只会缩小我们的内心，心小了，如何能遵循大"道"，成就一番大事呢？

2. 不用伎俩去战胜人，要用气量去征服人

真正的精神强者必是宽容的，因为他足够富裕。嫉妒是弱者的品质。

——周国平

美国纽约曾发生过这样一件事情：

一位强盗将刀子藏好后敲开了安妮的家门。

聪明的安妮从他的眼神里便看出了凶狠，但是她却没有惊慌和害怕，而是以柔和的语气说："请进来喝杯茶吧!"将强盗请进了家门。

强盗进门后，安妮便忙着为歹徒泡茶，拿水果，并始终对其报以微笑。强盗的心在一瞬间变得柔软起来，喝完茶后，就离开了。

这本会是一桩抢劫案，一般情况下，人们都会采用强硬且巧妙的办法，将盗窃者绳之以法。但是安妮却没有，她只是用柔和的语言，一颗热情的心，最终感动了对方，免去了一场劫难。可以想象，如果安妮采用伎俩，一旦失败，后果将不堪设想。所以，在交际场上，聪明且有魅力的人善于用气量去征服人，而非靠伎俩去战胜人。

一个靠伎俩去战胜别人的人，心中装满了"机关"，最终只会害人误己，就像《红楼梦》中的王熙凤，机关算尽，反丢了卿卿性命。相由心生，有心机者，脸上都是恶相，容易让人生厌，毫无魅力可言。相反，一个有气量的人，则都有宽阔的胸怀，他们懂道理、明事理、知进退、包容人。一个有气量者，其得体的举止、优雅自然的谈吐，大方的待人接物的方式，会给人一种舒适、亲切且随和的感觉。这样的人，还没开口说话，便能事先征服人心，获得他人好感。

有气量的人不会随心所欲，唯我独尊，而是懂得善待他人，善待自己，认真地关注他人，真诚地倾听他人，真实地感受他人。尊重他人，就是尊重自己。真正的气量来源于一颗热爱自己、热爱他人的心灵，这样的人有着很好的心态，面对他人的无故指责，也不与其争论，而是会以微笑，报以宽容的态度，从根本上让人心服口服。

经过几番周折，玛丽终于在一家珠宝店找到了一份售货员的工作。为此，她格外珍惜这个来之不易的机会。

然而，就在圣诞节的前一天，一位30多岁的顾客进了这家珠宝店，穿着非常干净，看上去十分有修养，但是从他的面容上看却让人感觉像是遭受了失业的打击。这时，店里所有的售货员都出去了，只剩下玛丽一个人。

玛丽像往常一样，和对方热情地打招呼："您好，先生，您想要些什么呢？"这位男子便不自然地笑了起来，十分尴尬地说道："小姐，我只是随便看看。"然后，他的目光迅速地从玛丽身上移开，只是在店中转着随便看。

这个时候，电话铃声响了，玛丽要去接电话。她一不小心，就将摆在柜台上面的盘子打翻了。盘子中只有5只精美昂贵的金耳环。这个时候，玛丽便慌忙地去捡，但是只捡到了4只。她顿时惊慌失措，就反反复复地去寻找，怎么也找不到丢失的那一只。就在男子将要走到店门口的时候，玛丽轻声地叫道："先生，请您稍等一下。"

男子转过身来，两个人相互对视着，玛丽的心跳得十分厉害，她不知道该怎么办，万一她要是喊叫的话，这个男子对她动粗该怎么办。他会不会伤害她？

"什么事？"男子开口问她。

玛丽控制住自己的情绪，终于鼓起勇气，对他说："先生，今天是我第一天上班，你知道，我找这份工作有多么不容易，您能不能……"

男子的目光极不自然，他看了玛丽很长时间。玛丽的表情非常诚恳，过了很久，男子的脸上浮现了一丝微笑，玛丽也舒了一口气，对着他也微笑起来。两人这时就像两个朋友一样，男子对她说："是的，工作不好找。但是我能肯定，你一定会在这里继续干下去，并且还会做得很出色。"

停了一下，男子又说："我可以为你祝福吗？"他把手伸向她，他们相互紧紧握完手，然后男子轻松地走出了珠宝店。

玛丽小姐看着他走出店门之后，转身走向柜台，把手中的第5只耳环放回原处。她真庆幸一切都过去了，并在心里为那个男子祝福。

玛丽小姐是有气度的，她用她的宽容和大度征服了这位男子，最终让男子将东西放回原处，达到了完美的效果。我们可以想象，如果玛丽当时与男子发生争吵，甚至大打出手，可能结果就不会是这么美好了。由此可见，气量是一种强大的人际力量，它抵得上千言万语，是征服人心最强大的无声语言。

3. 宽容能让你气场十足

任何一个人，包括我自己在内，以及任何一个生物，从本能上来看，总是趋吉避凶的。因此，我没怪罪任何人，包括打过我的人。我没有对任何人打击报复，并不是由于我度量特别大，能容天下难容之事，而是由于我洞明世事，又反求诸躬。假如我处在别人的地位上，我的行动不见得会比别人好。

——季羡林

一位女士因为不小心摔倒在一家整洁的铺着木板的商店中，手中的奶油蛋糕弄脏了商店的地板。尴尬之时，女士深表歉意地对老板笑了笑，不料老板却说道："真是对不起，我代表我们的地板向你致歉，它太喜欢吃您的蛋糕了！"于是女士笑了，笑得很是灿烂。而且，那位商店老板的热心也打动了她，她便立即下决心"投桃报李"，买了好几件东西才离开那里。

这便是宽容的力量：它甜美、温馨、亲切、明亮，能随时营造一种气场，让心灵感动，让人看到阳光。相反，计较则带给人争吵、争端，甚至是恨意。所以说，宽容能提升个人力量，它能在瞬间感化人心。

英国首相丘吉尔，在"二战"结束后不久后的一次大选中落选了。当时的他是位名扬四海的政治家，对于他来说，落选当然是件极为狼狈的事情，但他却表现得很是坦然。当时，他正在自家的游泳池中游泳，是秘书气喘吁吁地跑来告诉他说："不好！丘吉尔先生，您落选了！"不料丘吉尔却爽然一笑说："好极了！这说明我们胜利了！我们追求的就是民主，民主胜利了，难道不值得庆贺？朋友劳驾，把毛巾递给我，我该上来了！"

他的秘书对丘吉尔的淡定从容感到不可思议，他是那么理智，只是一句话，便成功地表现了一种极豁达大度、极宽厚的大政治家的风范！

还有一次，在一次酒会上，一位女政敌高举着酒杯走向丘吉尔，并指了指丘吉尔的酒杯说道："我恨你，如果我是您的夫人，我一定会在您的酒里投毒！"显然，这是一句满怀仇恨的挑衅，但丘吉尔笑了笑，挺友好地说："您放心，如果我是您的先生，我一定把它一饮而尽！"

丘吉尔巧妙的回答，真正折服了众人，他的宽厚仁和的态度给了众人一个重要的启示：原来，你死我活的厮杀既可做刀光剑影状，更可以做满面春风状。

可见，宽容是一种大智慧，一种大聪明。有句老话：有容乃大，恰如大海，正因为它极谦逊地接纳了所有的江河，才有了天下最为壮观的辽阔与豪迈！像海一般宽容吧！那不是无奈，那是力量！既然如此，何不宽容——即便是与对手争锋时。

北大企业家俞敏洪说过："真正的能人从不介意别人把自己看低，尤其对待他人的小过失方面，往往都会表现出宽容的气度，这是一种素养，也是一种气质。"相反，很多小人物或者稍有一些身份者，总是抱怨别人不看重自己，不尊重自己，一旦别人在什么地方得罪了他，他会追究到底，绝不放过。这样的人以为这样做是给自己讨回了尊严，讨回了利益，殊不知，他正在失去很重要的一种东西——厚德。一个人若丢失了这样东西，定会让其一败涂地，滋生一种令人处处感到厌恶的气质。

总爱与人斤斤计较，缺乏度量者，是毫无气质的人，其为人处世的风格使之不自觉地形成了一种排斥力，除了他自己，任何人都被他排斥在外。久而久之，他身边的人也会将他排斥在外。

一位心理学家对生活中那些爱计较者的心理做了如下的总结：

（1）内心爱计较者，无论其外在表现得有多大方，他的内心无不在受煎熬，因为算计本身已经使他失去了平静，使他很容易陷入对一事一物的纠缠之中。这样的人内心总是焦虑的，甚至是痛苦的，很难感受到外界的幸福和快乐。

（2）他在生活中极难获得满足感，反而会因为过多的算计，引起对人与事的不满与愤恨心理；经常与人闹矛盾，分歧不断，内心时时地充满了冲突。

（3）内心经常会堵塞，习惯于计较眼前而不顾长远。更为严重的是，世上千千万万事，爱计较者并不只是对其中某一件事情计较，而是对所有的事都习惯于计较。太多的计较埋在心底，如此积累便是忧郁。忧郁中的人是难有好日子过的。

（4）是太想得到的人，而太想得到的人，很难轻松地面对生活，往往还会因为计较而招来祸端，增添麻烦。

（5）内心充满了阴暗，难以见阳光，因为处处设防，事事计较，内心总是灰色的。所以，脸上也难有悦容，这样的人也难招人喜欢。

所以，放下计较，学着去宽容吧，那不仅能让自己获得轻松、快乐和幸福，而且还会引来阳光，招来他人的喜欢和青睐。

4. 靠度量，化"冤家"为"良友"

容人是一种美德，是一种思想修为，更是一种高尚的品德。一个人越能够容人之攻——对别人不妥的讥词不计较，容人之长——对别人的优点虚心学习，容人之短——对别人的缺点正确看待，容人之过——对别人的错误不记旧账。

——叶舟

作为一所百年名校，北大始终秉承宽仁待人的理念。在北大人看来，有度量能容人，能时时为他人考虑的人是最有魅力的，这样的人能处处受人青睐，很容易结交到朋友。

与很多其他的大学生一样，刚从外国语学校毕业的小罗在四处求职时处处碰壁。最终，他总结了自身的优势后，打算到一家大型外资企业做翻译的工作。他大学学的是英语，成绩一直不错，大学期间，他曾为几家大公司做过兼职翻译。这让他自信满满地向那家企业投递了一份英文简历。不过，令人失望的是，这家公司还是回绝了他。其中的"拒绝信"写得很不客气："我们公司虽然现在很缺翻译人才，但是对于你，我们绝不会考虑，因为你的求职信里的英文有多处语法错误。"

当小罗看到这份求职信的时候，他简直气得发疯。不过，等他平静下来后，他开始审视自己的简历，并开始反思自己："简历中确实有很多处错误。对方虽然言语尖锐，但他也提醒了我，我必须再努力。如此说来，对方可能帮了我一个大忙。"于是，平静下来的小罗便又回了一封求职信说："您这样不嫌麻烦地写信给我真是太好了，尤其是您并不需要我这样一个英文水平烂的人，对此我觉得非常抱歉，我之所以写信给您，是因为很多人把您介绍给我，说您是这一行的领导人物。我并不知道我的信上有很多文法上的错误，我觉得很惭愧，也很难过。我现在打算更努力地去学习英文，以改正我的错误，谢谢您帮助我走上改进之路。"

没几天，小罗就收到了对方的回信，信上说小罗宽容、谦虚的态度打动了他，让他随时准备过去上班。

小罗的故事告诉我们这样的道理：其一，如果一个人能够以德报怨，就能够赢得更多的朋友和更多的人生机会；其二，只要从别人的批评中认识到自己的错误和不足，并勇于改正和弥补，自己的人生就会一步步前进。

人们常说，一个人的心胸有多大，他做成的事情就有多大。擅长经营人际关系的人，往往都有着博大的心胸，最擅长"以德报怨，化敌为友"。

在当下激烈的市场竞争中，人人都觉得"怎么到处都是对手？"在此种情形下，化敌为友，互助互利已经成为一种最有优势的竞争策略。一个人若想获得稳定、长久的发展，就要试着用度量和胸怀去"化敌为友"，去与那些自己不喜欢的人相处、合作。当你能够与"原来不喜欢"的人进行友善的相处时，你的沟通能力和洞察力也会得到提升。

如果你能留意身边那些令你敬重的人，那些取得了不凡成就的人，你就会发现，他们无一不是具有宽广的度量。他们懂得，各自为战、相互竞争只会两败俱伤，如果可以化敌为友，就能发挥天时、地利、人和的优势，合力打开一片新的天地。

在生活中，当你发现别人有错误，千万别"得理不饶人"，置对方于死地才肯罢休。其实，一次宽容，能将敌人变成合作者，能让自己的人际资源更为广阔。所以，为了建立一个良好的人际圈，你要学会与那些脾气不好的人、不易相处的人、自己不喜欢的人一起合作共事。当你成为一个可以"容纳所有人"的人，你也自然就成了一个善于合作的人，你的交际能力、工作能力，都将会大幅度提高，从而做出应有的业绩，获得上司的青睐，你也会成为一个令人羡慕的成功者。

第 10 章

沉稳：成大器者都要稳得住身心，沉得住气

　　一个人良好的气质需要强大的内心力量去支撑。而真正强大者，其强大并非表现在外，而是表现在内心，沉稳、谦卑、坚定的内在力量才是真正的强大。所以，做人做事一定要沉得住气，扛得住打击，这才是一个内心强大者应该具有的基本气质。

1. 别轻易在人前显露你的情绪

你要拥有快乐，就要学会接受。别人骂你，这是一个悲剧，你若反击，那只能造成更大的悲剧，于是你什么好处都没有。此时，你唯一要做的就是接受。有人说回避是一种不错的方法，这是不对的，回避并不表示你的接受，那只表示你的无能。因此，只有正面接受，你才有可能找到喜剧。

——叶舟

一个沉稳者，最基本的表现就是不轻易在人前显露自己的情绪。北大人认为，判断一个人是否成熟的首要标志就是看其能否控制好自己的情绪。同时，内心是否淡定，是否能坚守自己的内心、不为所动也是判断一个人是否有良好气质的标志。

中国有句古话："雷霆起于侧而不惊，泰山崩于前而面不改色"，能够做到这一点的人，我们通常都觉得他们特别有气质。当遇到事的时候，他们不慌乱，能够从容以对的气质就已经先令我们折服了。

洛克菲勒因经济纠纷与人对簿公堂，在开庭时，对方的律师看起来是个极有修养的人，洛克菲勒对本次的官司并不抱有什么信心。

在法庭上，对方的律师拿出一封信问洛克菲勒："先生，请你告诉我是否收到了我寄给你的信呢？另外，你为什么没有回信呢？"

"我收到了，但没有回！"洛克菲勒十分果断干脆地回答道。

于是，律师又拿出 20 多封信，并且以同样的方式一一向他询问，而洛克菲勒却都以相同的表情，一一给予其相同的回答。

律师见洛克菲勒如此镇定，终于按捺不住内心的狂躁，顿时愤怒至极、暴跳如雷，并不断地咒骂，完全失去了一位律师应有的风度！

最后，法庭宣布洛克菲勒先生最终胜诉！原因很简单，就是因为对方的律师在法庭上乱了阵脚，让自己失去了判断力，将己方的目的以及打官司的手段等细则全部透露了出来，洛克菲勒抓住其弱点，赢得了官司。

一个爱意气用事、情绪失控的人，最容易暴露自我弱点，让对方抓住把柄，从而在关键时刻一败涂地，就像上述事例中的律师一样。相反，内心淡定的洛克菲勒当时也是非常气愤的，但他却并没有将这种情绪表现出来，相反他能够从容不迫地进行反驳和举证。他在气场上是压倒对方的，最后，也在官司上赢了对方。这便是一个人良好气质的呈现，因为内心的淡定让他们时时能散发出一种强大的力量，在任何情况下，他们都绝不轻易让自己变得情绪化。

张欣是刘莹的上司，平时两人在公司经常因为工作发生矛盾和冲突。有一次，公司内部聚餐，刘莹想借着这次聚会好好开开张欣的玩笑。于是，刘莹在与张欣碰杯时，故意用力举杯，将一些酒洒在了张欣的头上。大家当时都非常紧张，认为刘莹真是大胆，敢这样公然挑衅上司，以后的日子可能就难过了。谁知，张欣却用手擦擦头发上的酒笑着对大家说："刘莹啊，你可真是的，以为用酒就能滋养我的头发吗？你的这个偏方和失误与你平时在工作中犯的错误一样，真是让人难以接受啊。"说得大家哈哈大笑，刘莹顿时对自己的举动感到有些不好意思，同时，也对张欣的大度感到敬佩不已，从此对工作更加卖力了，以后便很少出差错了。

可见，能否控制好自己的情绪才是一个人最重要的能力。事例中的张欣利用平和且幽默的方式解除了与下属之间的尴尬，同时，也激发了对方的工作动力，这便是沉稳带给人的力量。正如约翰·米尔顿所说：

"一个人能够控制自己的情绪、欲望和恐惧，那他就胜过了国王。"对于我们普通人来说，更要懂得控制自己的情绪，不要把情绪轻易地写在脸上。假如你与家人吵了嘴，一到公司，同事都能从你的脸色上看了出来，接下来，谁敢和你说话或者沟通工作呢？假如你是一位领导，每天你的下属都要看你的脸色行事，那工作效率必将大打折扣；生活中，如果有朋友给你提一些很中肯的建议，你就立即勃然大怒……这是千万要不得的，想想看，这些可不像是一个有气质人应有的行为。所以，要提升气质，做一个沉稳可靠的人，就先从控制自我的情绪开始。

2. 杜绝带着情绪去做决策

走运时，要想到倒霉，不要得意得过了头；倒霉时，要想到走运，不必垂头丧气。心态始终保持平衡，情绪始终保持稳定，此亦长寿之道。

——季羡林

北大人认为：人沉稳、成熟的另一种表现就是不在有情绪时擅做决策，因为人在被负面情绪控制的时候，其头脑通常不是理性和清楚的。这个时候做决策，可能会让人后悔终生。

其实，生活中的很多悲剧都是因为我们的愤怒情绪所造成的：因一句话与人不合，便说一些过激的话，因而毁了一桩生意；因小事生气而断送一段美满的婚姻；因一时之气而伤了和气，葬送了一段珍贵的友谊……人在气头上，难免会被强烈的愤怒冲溃了理智，以至于忽视了最基本的判断与核实的步骤，造成伤害人的事。其实这是人的通病。对此，心理学家指出，人在有情绪的时候，智商是最低的。尤其在愤怒的关头，人们会做出非常愚蠢的决定而自以为是，也会做出非常危险的举动而大义凛然。这个时候所做的决定，90％以上都是极端错误的。生活中，很多不理智的决策往往都是因为我们没有一个良好的情绪状态，所以要保证自己的人生不后悔，就请别在带着情绪的情况下做任何的决策。

刚毕业的大学生张勇，很想在媒体广告业大展宏图、一施抱负，但因为缺乏工作经验，多数公司都不愿意录用他。后来几经波折，经亲戚推荐，好不容易到了一家有良好发展前景的广告公司上班。

张勇对该公司的工作环境、人事结构、薪资水平等都很满意，尤其对个人未来的发展充满了信心。因为他是新人，上司为了锻炼他，就让他从最基本的端茶、倒水的工作开始干起。这让张勇很是不满，觉得上司不尊重人才，于是经常生出许多抱怨来。

一次，因为张勇的疏忽，他在打印文件时将一份重要的文件漏掉了，让客户产生了误解，险些与公司解除合作协议。上司对此很不满，于是就将张勇叫到办公室说道："小张，这点活都干不好，以后重要的工作怎么放心地交给你去做呢？"张勇本来对上司大材小用的行为就有些不满，听到这样的训斥，更是冒火。说道："老子不干了还不行吗？这种低端的工作，你爱让谁干就让谁干吧！"说完，就怒气冲冲地收拾东西离开了公司。

随后，张勇又回到了自己刚毕业时的迷茫状态，在几千份简历石沉大海后，他对自己的行为后悔不已：自己的能力本不差，但却因一时的冲动而断送了自己美好的前程。

其实，无论一个人现年几岁，当他在气愤时，其思虑是不成熟的，言语也不懂节制，行为是失态的，仿佛就像一个年幼的孩子一般不成熟。《圣经》上说："人有见识就不轻易发怒。"当一个人在生气的时候，他的智慧、EQ、仪态等，都会大大地退化，乃至所讲出的话，所做出的决定，往往都会坏事。

成功者，并不是因为他们在人生道路上有多么的一帆风顺，也不是因为他们的能力有多超群，而只是因为他们善于控制自己的心情，能在愤怒时平服自己的情绪，恢复自己的理智，等清醒时再去做决策。

相反，一个失败者，也不是真的像他们所认为的那样缺少机会，或者是资历浅薄，甚至迷信自己命不好。很多时候，失败的原因就是因为他们不懂得控制自己的情绪，任自己的坏情绪恣意妄为：遇事不顺时，怒火中烧；消沉时，借酒消愁，丧失斗志，让自己错失机会；得意时，忘乎所以，夜郎自大，四面树敌，为人生树立一道道的阻碍。

总之，人生关键时刻的成功与失败完全取决于两个字"心情"，心情好，则事成；心情坏，事则败。在这里，你需要牢记理性决定的护身符。

（1）凡事先"熄火"再决定。

人在丧失理智的情况下，所做出的决策一般都是违背事物发展规律的，所以，凡事做决策时，要先平息怒火后再做决定，或者再开口与人交谈，提升决策的正确率。

（2）不急于求成。

任何事物的发展都会遵循其原有的规律，如果你妄想揠苗助长、一夜开花，那就是为失败埋下伏笔，总有一天会爆发。

（3）不在得意时忘形。

人在气愤、生气时容易出错，同时，在得意时也会丧失理智。所以说，在高兴的时候也不要随意做决定，忘形的时候自身的余地就会减少，失败的概率就会增加。

3. 唠叨，是你人缘恶化的"头号暗礁"

一语惊醒梦中人。谁是梦中人？绝大多数人都是梦中人。有的人活着只是身子活着，他的头脑是死的，是一堆垃圾；他的心灵是死的，是一片荒漠。所以，这是一个悲剧。

——叶舟

无论是在婚恋场上，还是在交际场上，总有这么一撮"唠叨者"：他们嘴巴张合的频率极高，总是喋喋不休，叽叽喳喳，没完没了，让人烦不胜烦。这样的人，无论走到哪里，都唱主角，无休止的唠叨让他们像苍蝇一样被人想驱赶。时间一久，其人际关系便会迅速恶化，人人避之而唯恐不及。

对此，这些爱唠叨者还大感不解：能说会道，能言善辩，该当是被人当优点来夸赞的啊！我的问题究竟在哪里？不错！依照常理，善于表达自我并非是错事，但若是整日都喋喋不休，说个不停，那便招人嫌了。可以说，唠叨是一个人人缘恶化的"头号暗礁"，在防不胜防间，就会让他们辛苦搭建立起来的"人际网"瞬间破裂。

"老板老是和我抬杠，真不知道我哪里得罪他了！"

"为什么他总是和我作对？这家伙真讨厌！"

"我老公最近做生意赚了一大笔钱，刚买了一套四百多平方米的别墅，我星期天什么也没干，研究装修方案，可伤脑筋了！"

"我家儿子又在学校得奖学金了，唉，这孩子真是太争气了，和别的孩子就是不一样，学习方面都不怎么让我管！"

……

117

在生活中，很多人都会因为某种问题，向同事或好友喋喋不休。但是，这些看似无伤大雅的话语，却是交际场上的"暗礁"，是一种杀伤力和破坏性极强的武器，它会让其他人对你产生一种避之唯恐不及的感觉。要是到了这种地步，相信你周围人再也不会愿意搭理你了。

另外，在情场上，一个人的唠叨，也是导致其感情恶化的头等"暗礁"。它能一次性地将我们苦心经营和悉心建立起来的幸福和感情摧毁。

据统计，男人讨厌的女人做的事情之中，排在首位的便是爱说话的女人，这远高于排名第二的"不爱打扮"。

为何有一些女人能让男人永不厌倦，不管外面的风景有多好，他总是眷恋着身边这盆鲜花？而有的女人则让男人一看就想拔腿就跑，躲得越远越好？答案就是：你的存在，是否让对方感到舒服自在。人际关系也遵循这样一个规律，让对方舒服，是和谐交流的第一步。可以说，爱说话不仅是让男人无法舒服自在的最大恶敌，也是让女性厌恶至极的行为。爱说话，爱唠叨，喋喋不休的女人再有才华，再妙语生花，也无任何吸引力和气质可言。

刘华经常向周围的朋友诉苦："我娶了个'唠叨皇后'，再也受不了她吹毛求疵、无休无止的抱怨和骚扰了，我只想解脱。"

原来，每天刘华下班后一回到家，老婆便会唠叨个不停。她指责他早上出门时忘了带钥匙，抱怨邻居把一个吃剩的苹果核扔到门前，讽刺院子里的小华小小年纪竟然对她不礼貌……刘华上一天班，原本感到很累了，回到家只想安静下来好好休息一下，但是老婆的唠叨却像紧箍咒似的让他越听越头疼。

长此以往，因为害怕她的唠叨，现在一到下班时间刘华就开始头疼。于是，他主动向老板要求加班，或者干脆到朋友家里去凑合，夫妻之间的感情几乎荡然无存，刘华只想能快点儿解脱。

卡耐基在他的《人性的弱点》中说过：唠叨是爱情的坟墓。聪明的人，如果你真的爱你的另一半，希望得到她的宠爱，想维持家庭生活的和谐，就停止唠叨吧！很多时候，你的唠叨就像漏水的龙头一样，能将你爱人的耐心消耗殆尽，会让对方感觉受到限制和压力，同时潜意识中会有一种不被信任的感觉，不知不觉地将对方推向分裂的边缘。

一个爱喋喋不休的人就像一把锋利的杀人不见血的刀，会让别人认为其是在管教、抱怨、催促自己，从而产生逆反心理，并且逐渐积累起一种憎恶感，导致家庭矛盾甚至家庭的破裂。这是爱情和幸福婚姻的最大杀手，所以，要做个人缘好且幸福的人，一定要减少开口的频率，管好自己的嘴巴。

4. 沉静是一种动人的气质

人生最好的境界是丰富的安静。

——周国平

情感作家苏岑说，热情可以帮你拓展人际，孤静能让你沉淀内心。有些成功者有蓬勃的爆发力，但有大成者，内心中，总会有股安然的静力。可见，沉静是一种力量，并且是能让人发挥强大气场的力量。正如北大企业家俞敏洪所说，真正的力量，来自内心，是一种由内而外的沉静与自信，即使不言不行，自有一种动人心魄的气势。这种气势足以支撑起人的内在气质。

生活中，内心沉静的人，给人的是一种遗世的安静与优雅的美。那种涤尽了世间铅华，看穿红尘人情冷暖的非凡美丽与情怀，让他们如开在广漠尘世里的一支幽兰，尽管有过惆怅与失意，疼痛与遗憾，但仍能保持清绝的姿态，在日光下冷静地观人情冷暖，在月光下安然地静守光阴流逝，不受一丁点儿人间烟火的熏染，只携一抹清淡的幽香轻轻走过浮世流年。这样的人散发出来的气质是最动人的。

有一个记者采访一位著名演员："在喧闹的人群中，你会选择什么方式引人注意？"这位演员说："我会选择沉静地坐着。"是的，沉静地坐着，沉静地微笑，沉静地站在世界的面前，这种沉静所流露出来的自信、端庄、高贵是很能引人注意的，是很有穿透力的，它足可以让人在喧哗中停下来。可见，沉静是一种极富吸引力的力量，能让人在瞬间气质和魅力大增。

张敏是个优雅的沉静女人，尽管相貌平平，着装也不名贵，也不佩戴任何名贵的首饰，但无论她走到哪里，都会成为众人中的焦点。

一天，张敏受邀参加一场宴会。宴会上的人有很多，她在一个较偏僻的位置上坐了下来。这时，衣着华丽的刘晓和安娜走了过来，张敏友好地冲她们微笑。刘晓和安娜一向高调，总爱在人前显摆自己。安娜看了张敏一眼便说："张小姐，难道没有人请你去跳舞吗？我们俩可是被邀请跳了两支舞了，好累啊！"张敏听罢，只是笑笑。

刘晓接过话说："我觉得，你该买件像样的晚礼服，你身上的这件衣服看上去很旧了啊，早过时了吧，而且它跟你的气质毫不相符啊。在这种宴会上，穿得不漂亮怎么能吸引男士的目光呢？"张敏继续沉默，只是微笑。

"哎哟，你的脖子也是空空的啊，该佩戴一些像样的首饰才对。"安娜一边说，一边摸着自己脖子上那条珍珠项链。就这样，张敏始终都保持微笑，她觉得，只要她们两个人说累了便自会停下。

就在这个时候，宴会上最优秀的男士朝她们走了过来，刘晓和安娜激动不已，嘴里不停地叨念着："你看，帅哥向这边走来过了……"可她们没想到，这位男士却把手伸向了张敏："美丽的女士，我能请你跳支舞吗？"张敏微笑着把手伸向他，说道："当然！"

接着，她便和那位优秀的男士步入了舞池，而站在他们身后的安娜和刘晓却气得直跺脚。

由此可见，沉静是一种美丽，一种积蓄，一种内质，一种深刻，更是一种文明；一个沉静的女人，是有修养和有内涵的，她们流露出来的气质是最富有吸引力的。所以，要提升自我气质，就练就内心的沉静吧，它是一种让人着迷的力量。

工作中，沉静的人总能够认真投入，尽量做到最好，对上不会唯唯诺诺，对下也不会挑剔万分；他们会视荣誉为过眼云烟，冷眼旁观钩心斗角。在生活中，沉静的人高雅且极具涵养，不为金钱物质而盲目，不为奢华而轻易地搁置自己的一生。他们懂得真爱才是幸福的港湾，即使裸婚，小家的幸福也能将温馨与爱的气息聚拢。他们在无人知道自己的付出时，不去表白；在没有人懂得自己的价值时，不去炫耀；在没有人理解自己的志趣时，活着自己——活着自己的执着，活着自己的单纯，活着别人读不懂的痴醉，活着自己美丽的梦想，这是人性中最美的姿态之一。

5. 内心不动，所向披靡

喧闹是一个悲剧，因为它是一种混乱的思维，你不能指望它给你带来创造，不能指望它给你带来平静，更不能指望它给你带来智慧。

——叶舟

曾任北大教授的梁漱溟先生说过这样一段话："人一辈子首先要解决人和物的关系，再解决人和人的关系，最后解决人和自己内心的关系。就像一只出色的斗鸡，要想修炼成功，需要漫长的过程：第一阶段，没有什么底气还气势汹汹，像无赖般叫嚣的街头小混混；第二阶段，紧张好胜，俨如指点江山、激扬文字的年轻人；第三阶段，虽然好胜的迹象看上去已经全泯，但是眼睛里精气犹存，说明气势未消，容易冲动；到最后，呆头呆脑，不动声色，身怀绝技，秘不示人。这样的鸡踏入战场，才能真正所向披靡。"梁漱溟的这段话，形象地概括了人的成长过程：越是成熟，便越谦虚，越会韬光养晦。人的成长有两个过程，一是不断获得，获得自己不具有的学识、见闻、品德；一是不断地抛弃，抛弃自己的虚荣、浅薄、争强好胜之心。所以，从一个人的表现可以衡量他的学识、品性，越是争强好胜，越是虚荣，说明这个人学识越浅薄、品性上的修养越不足。

有修养的人，不会被外物所干扰，不会为了虚名、虚利而争斗不休，他们不会表现得像只斗鸡一样满身争夺之气，不会像街头小混混那样叫嚣自大。老子说："锉其锐，解其纷，和其光，同其尘。"孟子说："不动心。"一个人经历越多，见识越丰富，就越会看淡世间名利，越倾向于回归朴素平实，销藏自己身上的锋芒。

荆轲刺杀秦王之前，屡次在与人争斗中逃跑，而被认为胆怯；秦舞阳十几岁就杀人，自恃勇敢，怒目直视，没人敢直面他的目光。但到了秦廷之上，荆轲淡然自若，而秦舞阳则双股战战，脸色失常。可见，真正有大勇的人不会到处逞匹夫之勇，那样的人只是不入流的小混混而已。同样，真正有学问的人，不会到处标榜自己有学问；真正有修养的人，不会到处标榜自己道德高尚。

哲人收了一个小徒弟，小徒弟头脑灵活，心思敏捷，做事麻利，很得老师欢心，但不久哲人就发现徒弟身上有一个很大的缺点——喜欢张扬，骄傲自满。每次他刚学到了一点东西，就到处显摆，若是自己领悟了一些道理，便一遍遍地在老师和同学面前炫耀。

这天小徒弟又一次向同学们夸耀了自己的心得，哲人将他叫到了自己屋里，并送了一盆含苞待放的鲜花给他，让他仔细地观察花卉开放的状况。小徒弟得到了老师的"奖赏"，兴高采烈地一路招摇跑了回去。

第二天，刚刚起床，小徒弟就来找哲人了，他当着众人的面，对哲人说："老师，您送给我的花真是太奇妙了！晚上开放时，清香四溢，美不胜收，到了早上又默默地收敛了它的芳香……"

哲人听了笑着问："它晚上开花时吵到你了吗？"

"没有。"小徒弟回答道，"它开放和闭合都是静悄悄的，怎么会吵人呢？"

"噢，原来这样啊。我还以为它开花时会吵闹着炫耀一番呢。"

小徒弟愣了一下，随即红了脸，对老师说道："弟子知道错了。"

真正有学识、有修养的人不会到处显摆，他们知道自己有什么，知道自己需要什么，不会将时间花在获得虚名虚誉之上，不会为了得到一些世俗之辈的认可而浪费自己的生命。老子曾告诫世人："自见者不明，自足者不彰，自伐者无功，自夸者无长。"达·芬奇也说："微少的知识使人骄傲，丰富的知识使人谦逊，所以空心的禾秫高傲地举头向天，而充实的禾穗却低头向着大地。"

人生要追求自己与众不同的价值，但在做人处世的时候，更要和光同尘，隐藏锋芒。时刻谦卑，时刻低眉，时时刻刻心存敬畏，只有这样，才能达到修养的更高层次。事业成功了，不要沾沾自喜，不要忘乎所以；个人进步了，不要孤芳自赏，不要扬扬得意。调整好心态，脚踏实地往前走，才能积累更多的资本，取得更高的成就。

第 11 章

格局：决定人生成败的关键因素

　　一个人要修炼良好的气质，也需要格局的支撑。所谓格局即指一个人对时间与空间认知范围的大小，对认知范围内的事物所认知的精细程度。一个人对世界的认知越广，对事物发展认识越是精细，就越会产生正确的思想，从而有正确的行动，才能有好的收获。对世界认识越少，越不了解事物的发展机理，也就越会只关注结果，忽略其中的来龙去脉，不知凡事必有因果，就会自私、容易抱怨，欲望特别地强，这样的人也是难以成就大业的。所以，一个人的格局，决定其内在气度的大小，也是决定一个人是否具有良好气质的重要因素。

1. 人生有无限的可能，别被格局所限制

有些人一生没有辉煌，并不是因为他们不能辉煌，而是因为他们的头脑中没有闪过辉煌的念头，或者不知道应该如何辉煌。

——俞敏洪

一个气质良好的人绝对是有大格局的人，因为他知道，一个人应该如何做才能更接近成功。气质是个抽象的东西，但是在生活的各个细节中就能表露出来。无论遇到大事或小事，都爱斤斤计较的人，就意味着格局小了，一个人如果总在"自我"的狭小世界中蝇营狗苟，那他气质的光辉便也会荡然无存。

关于"格局"的理解，很多人也许不够透彻，对此，我们可以这样去理解：

有一位家庭妇女，她买了一件衣服，回头习惯性地跟邻居显摆，却发现同样的衣服邻居比她少花了 20 元钱，于是她开始耿耿于怀数天，这就意味着这个人的格局就值 20 元钱；有一位初入职场的打工者，对上司的高薪毫无感觉，却嫉妒比自己每月多 500 块钱的同职位的同事，这个人估计一辈子只有给人打工了。

有这样一句谚语："再大的烙饼也大不过烙它的锅。"这句话的哲理是：你可以烙出大饼来，但是你烙出的饼再大，它也得受烙它的那口锅的限制。我们所希望的未来就好像一张大饼一般，能否烙出满意的"大饼"，完全取决于烙它的那口"锅"，而这口"锅"就是所谓的"格局"。

所谓的格局，主要是指一个人的眼光、胸襟、胆识等心理要素的内

在布局。一个人的发展往往受局限，其实"局限"就是格局太小，为其所限。谋大事者必要布大局，对于人生这盘棋来说，我们首先要学的不是技巧，而是布局。大格局，即以大视角切入人生，力求站得更高、看得更远、做得更大。大格局决定着事情的发展方向，掌控了大格局，也便掌控了局势。

于丹说："成长问题的关键在于自己给自己建立生命格局。"人为何要有大的格局，是因为每个人的人生都有无限的可能性，我们要不被其所限制。成功者好运的背后都藏着大格局，拥有大格局者，往往都有开阔的心胸，没有因环境的不利而妄自菲薄，更没有因为能力的不足而自暴自弃。格局小的人，往往会因为生活的不如意而怨天尤人，也会因为一点小小的挫折便一筹莫展，看待问题的时候常常是一叶障目不见泰山，最终成为碌碌无为的人。所以，成就非凡人生，修炼良好的气质，一定要为自己的人生设置大的格局。

2. 眼界决定境界：眼光有多远，世界就有多大

我们要学得更加的大度而不是斤斤计较，学会目光远大而不是鼠目寸光，学会雍容大度而不是锱铢必较。

——俞敏洪

北大企业家俞敏洪说："一个人看待事物要长远，才能走得远。"人无远虑必有近忧，如果只盯着眼前看，势必会目光短浅，有些事情在当前来看，虽然没有好处，但是从长远发展来看却是千秋大计，因此我们就必须放弃眼前利益，着眼长远发展。事物发展规律有时候表现的也是曲曲折折，有时候还需要倒退以后再前进；如果只能前进，而不能以退

为进，我们违背了事物规律也会遭遇失败。一个人眼睛能看到的地方是视线，眼睛看不到的地方是眼光。这段话告诉我们，眼界决定着一个人的价值取向。站得高，才能看得远，打开了眼界，自然就打开了心胸，心胸宽广了，就能容纳万物，这样的气质自然不会差到哪里去。

历史上，被誉为清代"红顶商人"的胡雪岩曾有一句至理名言："做生意顶要紧的是眼光，你的眼看得到一省，就能做一省生意；看得到天下，就能做天下生意；看得到外国，就能做外国生意。"由此可见，眼界对一个人命运的决定作用。

有两个兄弟，哥哥从小就富有雄心，总想着长大后要干一番大事业，就想方设法去与上流的成功人士交往，沟通，并且不断地寻找商机；而弟弟则很是知足，眼界很小，总与周围熟悉的人交往，找了一份普通的工作，过着安稳的小日子。

有一天，父亲给了他们两个人每个人 20 万元。哥哥用这 20 万元开了一家小餐馆，生意做得很是红火，10 年后，就成为当地有名的富商。而弟弟则用那 20 万元买了一辆小汽车，到处显摆，10 后仍旧一事无成！

其实，人与人之间原本是没多大区别，只是因为各自心中的世界不同，而造成截然不同的人生结局罢了，就像故事中的哥哥与弟弟一样，因为内心的世界不同，所以追求也不同，命运也自然不同。

在现实社会中，很多处于人生起步阶段的年轻人总是会抱怨世界不够大，施展个人才华的舞台也不够大。其实，世界与舞台的大小都源自我们的内心。有一句话说得好："心有多大，舞台就有多大。"要成就梦想，只有扩大自己的心灵空间，做到心胸宽广、眼界高远，才能得到最大的成功。

在美国的一所著名大学，一位哲学家曾让他的学生做过一个这样的实验：他拿出一张 A4 的白纸举在同学们的面前，并集中注意力盯着这张纸，请周围的同学告诉他他们看到了什么。

有的同学说："我看到的只是一张白纸。"有的同学说："我什么也没看见。"有的同学却说："我看不到尽头。"

最后，这位哲学家就对第三类同学投去了赞扬的目光，并说："我比较欣赏这些同学的眼光，因为他们的目光不只是盯在一张纸上，他能超越出事物的本身，想到未来。这样的人，眼界往往比较高远，心胸也更为宽广，也容易使人生更为辉煌。"

人们常用"世界有多大，心就有多大"来夸耀那些有远大志向的人，但是如果我们能将这句话颠倒一下，改为"心有多大，世界才有多大"，你也能从中发现人生的另一种境界。

眼界，其实有两方面的含义：一是指人们所见事物的范围，即个人认识的广度；二是指人们认识和判断事物的深刻深度和高度。一个人只有从足够的思想高度和广度来看待事情，才能形成对事物的深刻认识，只有建立在对事物深刻认识的基础之上进行实践，才能修炼儒雅的精神气质，也才能走向最终的成功。所以，要想修炼气质，获得成就，就首先学着去提高你的眼界，增强你的见识吧，这是成就非凡人生与伟大事业的基本点！

3. 你忙着拼手段时，别人却在拼格局

人的进步是一辈子的事。

——俞敏洪

北大企业家俞敏洪在做演讲时，说过这样一段话，他说人的一生是奋斗的一生，但有的人一生过得很伟大，有的人一生过得很琐碎。如果我们有一个伟大的理想，有一颗善良的心，不计较得失，我们一定能把很多琐碎的日子堆砌起来，变成一个伟大的生命。但如果你每天都庸庸碌碌，精于算计，计较得失，没有理想，从此停止进步，那未来你的一辈子堆积起来的也将永远是一堆琐碎。这段话告诉我们，真正成就大事业的，有气质者，从来都是靠格局取胜的，这样的人从不屑于拼手段，而是致力于拼格局。拼手段的人，蝇营狗苟，不过是一时的小人得志而已，人品如此低劣，其气质又会好到哪里去呢？其在任何行业都成为不了风采卓然的领袖人物。一个真正的领袖必然是襟怀坦荡的，他们的成功不是靠卑劣的伎俩和手段换来的，而是靠自己的远见卓识、高瞻远瞩的智慧赢得的，这样的人才最值得我们崇敬和钦佩，也最值得我们追随和效仿，即便我们不能取得与之比肩的成就，但是如果能拥有同样的气度和境界，人生的层次也会随之更上一层楼。

1937 年，麦当劳兄弟在洛杉矶的国道旁开设了一家规模不大的汽车餐厅，由于赶上了汽车业蓬勃发展的好时代，加之他们制作的快餐食品物美价廉，餐厅的生意非常火爆，麦当劳兄弟赚得盆满钵满。当时每个汉堡的售价只值 15 美分，但餐厅的年营业额却超过了 25 万美元。麦当劳兄弟可谓是赚到了第一桶金。可是后来汽车餐厅的数量越来越多，

餐饮业的竞争也越来越激烈，麦当劳兄弟的餐厅盈利能力大不如从前了，他们果断地进行了大刀阔斧的改革，开始出售餐厅的特许经营权，尽管有了加盟者，但由于管理比较混乱，麦当劳餐厅一直没有打开局面，直到有个叫克罗克的人出现，麦当劳餐厅的历史才被真正改写。

克罗克原本只是一个售卖混拌机和纸杯的推销商，1954年的一天，他到麦当劳餐厅考察，发现这家餐馆的生意非常好，人们为了吃到可口的牛肉饼不惜排队等候4个小时，当时还没有到正午，三个柜台前就排起了长队，顾客的数量一直在持续增加，服务员训练有素，仅需15秒就能把一份快餐食品递到顾客手中。看到这样繁忙的景象，克罗克非常诧异，他从餐馆生意中看到了巨大的商机，于是他向麦当劳兄弟提出了在美国各地开设统一管理的连锁分店的建议，可惜两兄弟无意在离家太远的地方开设分店，不假思索地回绝了他。

克罗克经过一番慎重考虑，自己加盟开设了很多分店，在短短6年里，他把连锁分店发展到了280家。1961年，他向麦当劳兄弟买下了餐厅的商标权，成了连锁分店唯一的主人，后来他把麦当劳变成了影响力最大的跨国连锁品牌餐厅之一，其分店遍布世界119个国家，数量多达32000家，克罗克本人也成了美国商界乃至全球商界最为杰出的成功企业家之一。

克罗克的成功无关手段和计谋，他之所以能成为商业巨子，凭借的是敏锐的市场眼光和放眼世界的格局意识。其实无论是回顾历史，还是面向当代，我们都不难发现这样一个规律，大多数的杰出人物能一步步走向人生的巅峰，凭借的不是手腕而是格局，玩手腕的人永远比不上拼格局的人。

一个心中有大格局的人，所思所想自然和庸人不一样，他们在改变自身命运的同时，其实也间接地改变了一个时代，甚至在某种程度上改变了整个世界，这些都是热衷于拼手段的人永远也做不到的。拼手段的人总想着通过不正当的途径促使自己的利益最大化，甚至不惜把自己的幸福建立在别人的痛苦之上，这样的人早晚会遭遇"失道者寡助"的败局。有道是"公道自在人心"，耍手段的人必被大众和时代所弃，只有光明磊落、胸怀天下者才能成为笑到最后的赢家。

4. 大格局该有大方向，不因为外界压力而改变

所有的人都是凡人，但所有的人都不甘于平庸。我知道很多人是在绝望中来到了新东方，但你们一定要相信自己，只要艰苦努力，奋发进取，在绝望中也能寻找到希望，平凡的人生终将会发出耀眼的光芒。

——俞敏洪

痛苦、迷茫和挫折，是每个人都会经历的必然过程。大格局者不会把自己定位在失败者的位置上，他们心中有大方向，所以，在迷茫、挫折面前，他们从来不会动摇自己的信念和目标，正是这份对生命和梦想的执着，支撑起了一个人良好的气质。

曾获得过奥斯卡最佳导演奖的华人导演李安，他的人生辉煌也是他默默地"等"来的。他去美国念书时，已经26岁了。父亲听说他要去美国学拍电影，很是恼怒，觉得那是个没有前途的行业。但是李安还是义无反顾地去了，因为他知道，拍电影是他此生唯一的爱好。

后来，在美国完成学业后，曾一事无成地在家里沉寂了六年。在中国传统文化中，男人过了30就应该有一份稳定恒久的事业养家糊口，可是，李安却成了家庭的累赘，一家人只能靠妻子的薪金度日。为了缓解内心的愧疚，李安每天除了在家里大量阅读、大量看片、埋头写剧本

外，还包揽了所有的家务，负责买菜做饭带孩子，将家里收拾得干干净净。每到傍晚做完饭后，他就和儿子等妻子回家，这常常令妻子感动异常。

其实，妻子对他也有十分绝望的时候，但她仍旧坚持不让李安做无谓的糊口工作。有一次，李安偷偷地开始学电脑，希望能赶快找一份工作养家糊口，但没多久就被妻子发现，并狠狠地对他说："学电脑的人那么多，又不差你李安一个！"在妻子的坚决反对下，李安只好打消了出去打工的念头。妻子很明白，李安真的只会拍电影，别的事情根本不会感兴趣，她愿意与丈夫一起在沉寂中等待。后来，李安的剧本得到基金会的赞助，他开始拿起了摄像机，一些电影开始在国际上获奖，他终于迎来了属于自己的"春天"。

李安之所以能转动人生的大棋盘，成为人生的大赢家，是因为他心中有大格局，那就是他始终坚信：终有一天他会成为最棒的导演。于是，在人生最暗淡无光、无助失意的时候还能坚守自己的内心，耐得住人生的漫漫寂寞。

北大企业家俞敏洪在考学、工作、创业的不同阶段经历了无数困境，可他心中始终有个大方向，那就是相信自己终会成为一个不平凡者，为此，他也从来没有把困境解读成绝境，因而他的人生也从未出现过真正的绝境。连续两年高考失利，并没有让他心灰意冷，他又复读了一年，第三年考上了中国最知名的学府——北大；在北大任教时他因在校外兼职培训工作，受到了学校严厉的处分，被迫辞职；丢了工作以后，他开始琢磨创业，在一间简陋破败的教室里开办了英语培训机构。

在艰难的创业过程中，俞敏洪失望过，但不曾真正绝望过，他把"在绝望中寻找希望"作为人生的座右铭，当作新东方的校训，并冲破了一切艰难险阻，用自己的双手开创出了一片光辉灿烂的天地。于是，他的人生是充满光彩的，正是这种光彩支撑起了他良好的气质。

大格局者不仅胸中有大方向，而且还有大器量，所以，他们不会轻易被琐事所牵绊。遇到麻烦事，他们总是能够用宽大的胸襟稀释人生的痛苦、烦恼等，总能看淡名利得失，保持平常心，坦然地面对生活。大格局者都有大志向，他们对人生有很高的定位，所以，在任何时候他们都不会得过且过，会将每一天当成一个进步的过程。他们因为胸中有大志，所以会抓住一切可以抓住的机会，从小事做起，从点滴出发，为了明天的成功，能耐得住今天的寂寞，能集中精力支配自己的时间。这是一种人格的魅力，也正是这种魅力使他们配得上自己的成功。

5. 永远别给自己的人生"设限"

对于不满意的现状，要敢于突破。不敢去做是我们失败的真正原因。实际上，正是由于内心的自我设限，才挡住了无数的人通往梦想的脚步。

——俞敏洪

欲提升气质，成就不凡，就要去扩大自我人生的格局。而要扩大自我人生的格局，最重要的一点就是别给自己的人生设限，别将"自我"永远关在自己所圈定的思维空间中，这样的人生难有奇迹发生。

"不给自己设限"是无数北大师生的座右铭，它代表的是一种不拘泥于现实，勇于突破自我、挑战自我的勇士精神。故步自封不是北大精神，自"五四新文化运动"以来，北大就一直致力于不断输入新鲜的精神血液，打破所有的隔阂和桎梏，兼容并包，不断革新除弊，完善自身。北大良好的文化环境和人文氛围，造就了北大人敢想敢做、雷厉风行的果敢个性。在北大人看来，世上没有什么不可逾越的障碍，只要能够征服自己的内心，打开心灵的枷锁，就能攀上世间任何一座险峰。

心理学研究表明，一个人所能达到的高度往往就是他为自己设定的高度。很多人之所以一生平庸，往往不是因为能力不足，而是基于自我设限的心理暗示所致，久而久之形成了思维定式，变得畏首畏尾，结果一次又一次与机遇失之交臂。当你一遍遍告诫自己"我不行，我什么也做不好，注定一辈子失败"时，无形之中，你已经给自己的躯体和心灵套上了沉重的枷锁，唯有挣脱束缚，超越自我，你的人生才能出现真正的转机。

马戏团有一头体型庞大的大象，然而这样的庞然大物却被一根细绳和一棵小树牢牢束缚住了，人们不禁好奇地问马戏团的首领："大象的力气那么大，难道你不担心它有一天会挣断绳子逃跑吗？"马戏团首领回答说："不用担心，这头大象是永远都不会挣脱那根细绳的，因为它认为自己是没有办法摆脱那根绳子的。"

人们看着拴住大象的绳子，感到迷惑不解："这根绳子的材质有什么特别吗？看起来它就是一根很普通的绳子啊。"按常理推断，这样的细绳不要说牢牢缚住一头体格健硕的大象了，就是想要拴住一个略微强壮一点的人都很困难，那么这头大象究竟是怎么被一根绳子束缚住的呢？人们想来想去想不明白。

马戏团首领看到人们神情疑惑，便解释说："这的确只是一根普通的绳子，不过在这头大象还是小象的时候，驯兽师就已经用这根绳子捆绑它了。"人们还是想不通："这有什么关系呢？"

马戏团首领意味深长地说："当它还是一头小象的时候，它曾经无数次尝试着想要摆脱绳索，可是那时它的力气太小，所以每一次的尝试都失败了。久而久之，它就认定所有的努力全部都是徒劳的，它是没有能力挣脱绑住自己的绳索的，即便是长大了，力气也增长了数倍，它的看法还是没有改变过，一头力大无穷的大象就这样被一根细绳牢牢束缚住了。"

其实很多时候我们也像那头可悲的大象一样，被自己主观改造过的虚假世界所迷惑，无力打破自我设限的牢笼，从而成了一个可悲的囚徒，痛苦地做着困兽之斗。如果一个人认为自己无能，那么任何力量都不可能促使他成为一个真正的强者。反之，一个人从心底里认定自己一定会有所成就，那么任何艰难险阻都无法抵挡他前进的脚步，他所能征服的不仅仅是眼前的高峰。

第 12 章

胆识：不拘谨、不莽撞的人格魅力

约翰·肯尼迪曾经说过："如果你只是知识和学识欠缺，尚可救药，但如果你不懂得奋发向上，那才是真正的危险了。"的确，生活中有一种人，生活态度极为消极散漫，不仅没有明确的人生观和价值观，还很容易沉浸在当前安逸的状态中，这样的人经不起生命中的各种打击，也无法坚强勇敢地从困境之中走出，勇往直前。这样的人内心是柔弱的、人生是消极的、眼神是散漫的，所以难有良好的气质，也很容易成为被打败的弱者。

1. 气质的源泉：永葆奋斗和前进的激情

你30岁以前有表面的青春，30岁以后是内心的青春和气质展示。

——俞敏洪

什么时候是培养气质的过程？气质产生的源泉是什么？北大企业家俞敏洪给出了这样的解释："从现在开始，一直到30岁。孔子说三十而立，我认为立的不是学问，我认为立的不是事业，30岁以前怎么成功呢？李彦宏30岁也是一个穷光蛋，马云30岁也还是一个穷光蛋，都不重要。重要的是培养你的气质，气质就包含你的志向、梦想等。为什么，因为我们外表的青春总有失去的时候，但是内心的青春其实是你气质的重要组成部分。……在我们的现实条件之上，永远会有一个理想和激情在飘扬，而这些东西恰恰是我们这些人为什么到今天还能保持奋斗热情最重要的源泉，它也是个人气质产生的重要源泉。"在俞敏洪看来，人的气质源于内在不断奋斗的激情。他所谓的"气质"就是永远不会任由懒惰和贪婪迷失自己的心性，能够保持积极向上的人生观和价值观，并且把这种精神传递出去，形成一种力量，一种持久的影响力。

一位女大学生在暑假期间到一家日本五星级酒店打工，她的主要工作就是打扫厕所。当她第一天伸手进马桶刷洗时，差点儿当场呕吐。勉强撑了几天后，实在难以为继，就决定辞职。但就在关键的时候，这位大学生发现，和她一起工作的一位老清洁工，居然在清洗工作完成后，从马桶里舀了一杯水喝下去。大学生看得目瞪口呆。

但老清洁工却自豪地表示，经她清理过的马桶，是干净得连里面的水都可以喝下去的。这个举动给这位大学生以深刻的启发，令她了解到所谓的敬业精神就是无论任何工作，无论性质如何，都有理想、境界，与更高质量可以追寻的；工作的意义和价值，不在其高低贵贱如何，而在于从事工作的人，能否把重点放在工作本身，去挖掘创造的乐趣和积极性。

此后，每次进入厕所，大学生不再引以为苦，却视为自我磨炼与提升的道场。每当清洁完马桶，总是会自问："我可以从这里面舀一杯水喝下去吗？"假期结束，当经理验收考核成果，女大学生在所有人面前，从她清洗过的马桶里舀了一杯喝下去！这个举动同样震惊了在场所有的人，尤其使经理认为这名大学生是绝对必须延揽的人才！毕业后，大学生果然顺利地进入这家五星级酒店工作。而凭着这股匪夷所思的敬业精神，37岁之前，她是这家酒店最出色的员工和晋升最快的人。37岁以后，她步入政坛，得到日本首相的赏识，成为日本内阁邮政大臣！这位女大学生的名字叫野田圣子。

直到现在，这位被认为极有潜力角逐首相大位的内阁大臣，据说每次自我介绍时总还是说："我是最敬业的厕所清洁工和最忠于职守的内阁大臣！"

从野田圣子的身上，我们可以看到努力和拼搏的闯劲，可以看到奋勇向前的精神，可以看到在欲望和贪婪面前不为所动的坚定，那种坚定的所散发的精神气质足以令人为之倾倒。强者之所以能够取得成功，不仅仅是因为他们在面对困难和逆境的时候足够坚强，更是因为他们能够时刻保持警惕，有谦虚谨慎、不屈不挠的精神。试问：那些声名鹊起的企业家，如果当初没有克服自身的惰性，没有时刻努力向上的精神，又如何能在竞争残酷的商场打下一片江山呢？

只有永葆奋斗和前进的激情，你才能轻松地掌握自己的命运，驾驭自己的情感，焕发迷人的气质和魅力。一个不断奋发向上的人，无论思考、语调，一举手一投足都更具自信和更具感染力。一位公司的女主管，她的身材略显高大，穿着也极为沉闷严肃，外形也不怎么出色，不过每当她非常专注而又自信地向客户讲述她的提案，说得在场的人都频频向她点头时，她就浑身散发出巨大的吸引力。

所以，要提升自我气质，从现在开始给自己的人生注入向上的活力吧，那种对工作专注的眼神与美好的仪态会让你更具气质。

2. 拿出"强者"姿态，让你魅力十足

拥有强者姿态的人，传递给人的是一种积极的力量和热情，会让人有如沐春风的感觉。

有人说，只有经过岁月雕刻过的强者，才会拥有真正的美丽和智慧，才会生成自己独具的内在气质和修养，才会拥有自信，才会拥有岁月遮盖不住的美丽。那是一种从内到外统一的和谐之气韵，也是令岁月无可奈何的美丽。靳羽西说："拥有'强者'姿态的女人，内外兼修，风韵无敌。"同样，拥有"强者"姿态的男人，给人一种生命的张力和经岁月沉淀的魅力。

美国著名的脱口秀女主持奥普拉·温弗瑞本是个丑女人。按理说，长相丑陋的女人要上电视做主持几乎是不可能的事，更别说要出名了，但奥普拉偏不这样想，并以百倍的自信去搏击自己的命运。

在通往成功的路上，她不断地与贫穷、肥胖、事业挫折等问题抗争，最终摘取了累累的硕果：通过控股哈普娱乐集团的股份，掌握了超过 10 亿美元的个人财富；主持的电视谈话节目"奥普拉脱口秀"，平均每周吸引 3300 万名观众，并连续 16 年排在同类节目的首位。如今的她

已成为世界上最具影响力的妇女之一。

她说，每个女人都应该听从"内心的呼唤"，只有一个相信自己的女人才能成为生活和事业上的强者，"如果你相信自己有朝一日可以当上总统，也许有一天你就能如愿。"

如今的她已经 60 多岁，但人们看到的依然是魅力四射的她。据说因为她而使很多女性甚至盼着能早点到 60 岁，好借此获得和奥普拉一样的魅力。当然，拥有这样的魅力不只是靠年龄，而是不断搏击命运的强势姿态。

由此可见，相貌，对弱势的人是个难题，而对强势的人，不是问题。人们最先衰老的从来都不是容貌，而是那不顾一切地闯劲。

拥有强者姿态的人，其最大的特点便是不断追求自我成长。杨澜曾经说过一段话："每个人都在成长，这种成长是一个不断发展的动态过程。我们虽然再努力也成为不了刘翔，但我们仍然能享受奔跑。"一个不断追求自我成长的人总是不可捉摸的，他浑身永远都激荡着新鲜感，让周围的人尝不到乏味感和空洞感。这样的人即便相貌丑陋无比，也亦是最有气质最有魅力的。

现实生活中，很多人都在追求物质财富，而强势者则会追求自我成长。其实，当你走过一段历程后，就会发现，当一个人内心强大，修养足够时，获得财富也只是顺带的事，成功只是优秀的附产物！所以，要提升自我的气质，从现在开始提升自我价值，让自己变得不可替代。

要记住：个人的成长要比赚更多的钱更重要！一个人的成熟比成功更重要！

踮起脚尖，挺起胸脯，你将能焕发出强大的魅力！

3. 人生需要不断地"自我超越"

每一个人的生命，需要的是突破，突破，再突破！

——俞敏洪

"自我超越"是一种生命张力，是一种气魄，更是一种动人的精神气质。北大企业家俞敏洪说，世界上 80％的人，都在默默无闻中度过自己的一辈子，都在抱怨中过着每天的日子，对社会以及对周围的亲人和朋友不满，他们用颓废来打发自己的日子，从来没有想过，身上到底丢了什么东西。实际上你丢了梦想，丢了坚持，丢了不断超越自我的信念。丢掉了最重要的东西，保留了无端的疑惑，再也不相信任何东西，最终徒留下的只是平庸、迷茫、懦弱、放弃和附和。他的话告诉我们，不断超越自我，不断奋斗的精神是一种强大的张力，它能让人走出平庸，远离迷茫、懦弱等消极的因素。

不可否认，一个能时时不断挑战自我的人，其身上所散发出的精神动力时时能给人以力量，这种力量不仅能成就自我，还能感染他人。

现代新工业之父亨利·福特就是这样一个总是不知疲倦、自我超越的人，他年轻的时候，在一家电灯公司做普通的工人。

在平时的工作中，只要遇到"难题"，他总是积极去尝试，于是工作做得极为出色，掌握了大量的机械常识。

有一天，他突发奇想，产生了要设计一款新型引擎电器的想法。在欢喜之余，他就把自己的想法告诉了他熟悉的一位朋友。这位朋友对此很是支持，还鼓励他说道："天下无难事，你就试试吧！"

于是，他回到家里，把家里所有的旧电器都翻腾出来，就钻在自家的棚子之中，开始研究他的想法，这是一次伟大的自我挑战。

冬天，天气极为寒冷，他的手都冻紫了，牙齿也冻得在不停地"咯咯"响，但是，他觉得一定要将自己的想法变成现实，并不断地告诉自己："引擎的研究已经有了头绪，再坚持一下，就能成就全新的自我。"就这样，他用极大的勇气，克服了生活中的重重困难，在旧棚子中苦战了三年，终于将自己"异想天开"的想法变成了现实。

这一天，福特和他的朋友乘坐着一辆没有马的"马车"，满大街地晃悠，街上的人都被这一景象吓破了胆，有的还躲在远处偷偷地观望。也就是从这一天起，这个对整个世界都产生深远影响的新工作，就在"亨利·福特"勇于挑战自我的性格的驱使下产生了。

到后来，亨利·福特在这种性格的驱使下，一步步地走向了成功。他决定制造 V8 型汽车时，他要求工程师们在一个引擎上面安装一个完整的汽缸。工程师们就摇了摇头，说道："这是绝对不可能的！"听了这话，福特自己立马怒气十足，命令道："谁认为不可能，就走人！"工程师们都不愿意自己失业，只好按照福特的想法去做。因为这些工程师都认为这是一件不可能的工作，于是，他们的潜意识中就认为是不可能的，所以，6 个月后，还是没有一丝进展。亨利·福特就自己亲自出马去挑战这一难题。在这期间，他付出了巨大的努力，他认为，只要是自己认定的事，就没有不可能！他反复研究，在几个月后，终于获得了成功，成功地制造出了 V8 型汽车。

这就是挑战所给人带来的巨大推动作用，福特就是依靠着自己不寻常的勇气和胆识，一步步地迈向事业的巅峰的！成功的路上有许多条歧路，只有敢于挑战的人才能到达光辉的顶点。成功之路坑坑洼洼，只有敢于挑战自我，挑战困难的人，才能不断超越自我，完善自我，直达最后的成功。

要成就非凡的事业，不是一朝一夕的，更不是一蹴而就的，需要的是恒久的坚持与不断进取的决心。有些人取得了成绩之后，沾沾自喜，就止步不前；有些人因为暂时经历了一些失败，就一蹶不振，在痛苦中懊悔一生；有的人得过且过，甚至根本没有想过要努力争取到美好的生活；只有为数不多的一些人选择接受生活赐予的挑战和机会，逆流而上，超越自我，最终走向成功的殿堂。上帝对每个人都是公平的，付出多少有效的努力，就能得到多少回报，那些敢于挑战自我、不断超越自我的人，总是能够收获不一样的人生，最终达到自己的目标。

一个人如果没有超越自我的野心，就无法取得长久的进步，也无法收获真正意义上的成绩。克莱门·斯通说："人与人的差别只是一点点，但这小小的差别却有极大的不同。小小的差别是思维方式，极大的不同是，这思维的方式究竟是积极的还是消极的。"在人生的起步阶段，许多刚出校门的年轻人觉得自己在学校的成绩很好，就不管现实社会的需要，直接想成为精英；有的人以为自己在现在的岗位上做得很是出色，就认为自己有所作为了，于是就开始享受人生。这些人没有自我挑战的超越精神，终有一天会被现实所抛弃。

积极进取的态度，不断超越自我的人生，一直是有气质的强者所秉承的信念，他们正是坚守着这个信念，最终达成自己的梦想的。对于我们平常人来说，每一天都要积极进取，不能止步不前，因为在人生的道路上，还有许多人都在拼命地前进。当你站立的时候，其他的人就在你的后面不断向前追赶，当你再一次回望的时候，对方已经赶到你的前方了。所以，在任何时候，我们都不要记挂着自己昨天的辉煌的成绩，也不要过于在意过往的失败与伤痛；随时更新自我，不断向前，不断超越自己，超越他人，如此才能搏击自我命运，成就强者人生。

4. 用"爬山精神"去经营你的目标

有一个目标在前面，你要达到那个目标，当你达到那个目标就成功了，这个成功可能给你带来喜悦也可能带来满足，但是也有可能带来失落和迷茫，所谓的失落就是没有目标，所谓的迷茫就是不知道干什么了。

——俞敏洪

北大企业家俞敏洪说："所有结婚的人都有所感受，当你追女孩的时候就是目标，当你结婚了追到手了就是成功，当结完婚了很迷茫了，就是离婚了。把这个说法拓展一下，一个成功就是一个所谓的过程，当你想爬到那个山以后，从山脚下爬山到达山顶的过程，每往上走一步，每绕过一个石头，每穿过一片森林就是一个生命过程，经过这个生命过程也是一个成功，所以成功要做到有两个：达到目标；走过那个目标的过程，不管怎样走，只要能达到就是成功，但是当你得到成果后还有新的目标出现，当爬过山头的时候会发现还有另外一座山头等着你，通常那个山头比这个山头高，你就继续往前。"这是告诉我们，成功是一个目标接着一个目标不断跨越的过程，要达到最终的成功，练就强者的气质，就要将自己的大目标分割成一个个的小目标，给自己的人生做个规划，进而不断地鞭策自己，最终实现大目标。

对此，卡耐基也有相似的理论："我非常相信，及时把自己的大目标分成几个小目标，给自己的人生做个基本的规划，是获得心理平静的最大的秘密，因为我心中时刻充满了信念。而我也相信，只要我能定出个人规划来，什么样的事情都是值得我去做的。并且我能够清楚地知道自己的下一步该去做什么，我需要过一种什么样的生活。如此一来，至少可以消除掉我 50% 的忧虑！"由此可见，要实现你的大目标，做出一番大事业，单单享受实现阶段目标和积聚财富的快感是不够的，而应该不断地挑战自己，向更高的山峰攀登，眼睛盯紧一个大目标，在这个如同北极星一样的目标的驱使下，你才能够一步步地走上人生的巅峰，实现自己的人生价值。

生活中，很多富商曾经十分富有，而且深谙做生意的妙招，然而却在自己的钱财越来越多的时候，满足于当下的生活，放弃了继续努力的事业，选择了消极度日，沉迷于赌博式的生活，最终因为赌博而失去了自己所有的财富，让人生回到原点。这样的人生是失败的，是不能长久地维护自己的财富的。

最新的调查显示，全球大部分的超级富豪在过去的 20 年都不能够很好地守住巨额的财富，他们的"败家率"达到了 80%。有人就将《福布斯》杂志最新的全球 400 位富豪排行榜与 20 年前的进行了对比，结果就发现，平均每 5 名有名的超级富豪中，仅仅只有 1 名能在榜上屹立不倒。大多富豪破产的原因，除了巨额财富增加了管理的难度之外，就是因为满足于现状，不注意节约自己的开支，挥霍浪费自己的财富，最终导致破产。

要想成为笑到最后的人，一定要不断地挑战自我，挑战人生的高度，这才能在成功的道路上越走越远。生活中，有些人在前进的道路上步步向前，极为充实；而有的人则止于中途，让心灵感到迷惘，其主要原因就在于，后者没有为自己的生命做好一个规划，满足于眼前的状态，最终一败涂地。

早期的太空英雄巴兹·奥尔德林在自己成功地登陆月球后不久就精神崩溃，他的亲朋好友都对他的遭遇感到极为困惑，因为奥尔德林在登月之后，其感情和家庭方面都很春风得意。

几年后，奥尔德林在他撰写的一本书上回答了周围人对他遭遇的这种疑问。奥尔德林这样写道："导致我精神崩溃的原因很简单，因为我忘了在登月之后，自己以后该做些什么，自己如何才能继续生活下去。"

这就是说，奥尔德林除了登月这件工作之外，在其他方面没有任何的目标，对自己的人生从来没有做过规划。所以，他一回到地球，便无法找到一个属于自己的生活方向，最终使自己的精神处于崩溃的边缘。这也如我们登山一样：如果是一条我们曾经走过的熟悉的道路，或者我们在出发之前仔细阅读过地图，便可以知道前面有一些什么，知道再走几百米就可以休息，再走多远就有一处美丽的风景，这样有规划地走起来，会觉得自己的全身都充满了力量。如果我们的前面是一条完全陌生的路，那么，我们可能走几十米就会感到气喘吁吁，最终把自己累得苦不堪言。

我们自从来到这个世界，一生都是在赶路的，而路时刻就在自己的脚下不断向前延伸。只有知道方向的人，才能在人生空间的坐标中找准自己的位置，才知道自己为何要向那个方向前进。而不清楚方向的人，则永远不知晓自己的具体位置，不知道未来要去向何方，更不知道自己存在的意义。所以，从现在开始，请为我们的人生做出一个合理的规划，为生命的每一天都列出一个清单，并努力踏着你的规划向前，相信这样，你永远不会感到迷惘，最终也能收获到梦想的果实，获得有意义、快乐的人生！

5. 不想默默无闻，就要让自己长成参天大树

如果你要引人注目，就要使得自己成为一棵树，傲立于大地之间；而不是做一棵草，你见过谁踩了一棵草，还抱歉地对草说：对不起？

——俞敏洪

有三位工人在同一个建筑工地工作，当有人问他们"你在做什么"时，三位工人分别给出了不同的答案，第一位工人不假思索地说："我在砌砖。"说完又继续垒砌一块块冷冰冰的砖头了，他坚信自己永远都是一名毫不起眼的建筑工人，注定一辈子从事这项艰苦繁重的劳作，因此而变得郁郁寡欢。

第二位工人愉快地回答说："我在建房子。"他把建设的蓝图深深地印在脑海里，把一砖一瓦当作勾勒蓝图的材料，每当挥汗如雨地工作时，就想象着有一间温暖舒适的大房子已经落成了，因此而备感欣慰，他还利用业余时间学习有关建筑的知识，他相信自己的人生绝不会在平庸中度过。

第三位工人的回答最响亮也最鼓舞人心，他说："我正在建设高楼大厦。"在他看来，自己从事的工作绝不是砌砖和建造房屋那么简单，而是在缔造一项又一项伟大的工程，这些看似平凡的工程构建起了繁华热闹的都市，并影响着城市的格局和未来的发展，所以这位工人以一个规划者和建设者的身份自居，并把自己的工作当成事业来做。

若干年以后，第一位工人还在建筑工地砌砖，第二位工人成了一名建筑师，第三位工人成了房地产开发公司的老板。

同样的工作，同样的身份，不同的自我定位，造就了三种截然不同

的人生，与其说是价值观的差异造成的，倒不如说是对未来不同的期待造就了不同的发展结局。一个心中有梦的人可以把理想意识转化成意念的力量，从而使其根植于思维观念的土壤里，把自己塑造成想象中的理想人物。也就是说每个人都是自己灵魂的雕塑师，你能成为什么样的人，取决于如何运用理想的意念雕刻和打磨自己，这也是拥有强者气质的人和普通人的差异之一。

北大是国内顶尖的高等学府，它致力于培养出类拔萃的具有强者和领袖气质的人，北大也确实涌现出了不少卓尔不凡的成功人士，比如新东方创始人俞敏洪、百度首席执行官李彦宏等。北大人之所以能成为某一领域的领军人物、行业中的中坚力量，其根本原因在于他们自始至终都把自己看作是一棵苍翠挺拔、傲立于天地之间的大树，而不是一株低矮平庸、渺小柔弱的小草；有了这样的造梦活动，他们才迫切地渴望超越平凡，成就卓越，做出一番常人所不敢奢想的惊天伟业来，因此他们最终把自己打造成了一心想成为的人。

诚然基因和环境在第一时间塑造了我们，但这并不意味着我们就再没有机会改变和完善自己。心理学研究表明，人具有极强的可塑性和适应性，自我塑造、自我完善是完全可行的。如果你想变得更优秀更成熟更聪明更强大，首先要拥有远大的理想，把自己想象成一位卓越出众、自信迷人、谈吐不俗的成功人士，然后用一系列标准严格要求自己，长期坚持下去，终有一天你也会从一只丑陋笨拙的丑小鸭蜕变成优雅高贵的白天鹅。

第 13 章

担当：领袖身上必不可少的精神气质

　　北大人认为：一个具有良好气质的人一定是有自信的担当者，这样的人平时除了做好自己的事外，也敢于承担别人不敢承担的事情。北大之所以培养出了无数著名的企业家，就在于其敢于担当的精神气质对每一位学子的感染力。如果你有幸参加北大校庆，你可能会遇到新东方董事长俞敏洪、百度公司总裁李彦宏、当当网 CEO 李国庆等，这些中国企业界的精英之所以能极好地推动一个企业的未来发展，与他们的担当是分不开的。可以说，一个人有多大的担当，就能成就多大的事业。所以，要做大事业，修炼个人的领袖气质，一定要有担当精神。

1. 担当精神让你拥有领袖的气质

一个有豪气的人，一个每次吃饭付钱都很开心的人，在力所能及的情况之下，就会为别人考虑和担当。

——俞敏洪

如果有人问：人群中什么样的人能给人留下深刻的印象？每个人的回答可能都差不多，肯定是那个气场强大，在众人面前能够随时呼风唤雨的人。简单地说，就是领导。人们都说，领导身上有一种强大的气场，这种气场足以令他们不言而威，这就是领袖气质。而这种气质恰恰是人们印象中最深刻的气质之一。

但是，我们普通人如何能培养出这样的气质呢？首先，就是要有强者的自信，有在关键时刻能力排众议的决断力，有在危机时刻能主动承担责任的担当力。这样的人，无论走到哪里，气质必然是出众的。

北大人认为：担当是一个成大事者身上必备的素质和气质之一。这样的人无论在何时都能身先士卒，勇于承担责任，不计较个人的得与失。有这种能力的人，人格魅力都是极为出众的，也很容易成为众人中的焦点。所以，要提升个人气质和魅力，最重要的一点就是要懂得责任和担当，做到了这一点，你就能获得更多人的青睐。

有这样一个真实的故事：

在美国军队中，一次，一名军官到下属部队去视察并看望士兵。在军营中，这位军官看到一位士兵戴的帽子很大，大得都快把眼睛给遮住了。于是，他走过去问这个士兵："你的帽子为什么会这么大？"这位士兵马上立正并大声说："报告长官，不是我的帽子太大，而是因为我的头太小了。"军官听了忍不住大笑起来，并说道："头太小不就是帽子太大吗？"士兵马上又说："一个军人，如果遇到点什么，应该先从自己身上找原因，而不是从别的方面找问题。"军官点点头，似有所悟。几年后，这位士兵成了一位优秀的少将。

这虽然是一则笑话，但向我们传递了这样一个信息：遇事先从自己身上找原因，一个肯于承担责任，遇到问题能主动从自己身上找原因的人，总能比普通人多一些机会。

我们可以回忆下，那些在工作中偷懒，但在发工资时比谁都积极的人，最后有几个人有了一番成就？而那些平时闷不作声、默默工作的人，到最后都会取得一些成绩。可以看出，只要我们肯努力，只要我们不为了一点蝇头小利而放弃自己的责任，那么我们肯定会得到回报。但是如果我们不肯承担起自己的责任，只是一味地推卸责任，那么恐怕最终什么成果也不会降临到我们的头上。

想让机会垂青于你，就要拥有敢于承担责任的勇气，有敢于自省和自我承认错误的魄力，有在工作任务前不找任何借口的承受力，这才是一个有气质的领导者的责任心。可事实上，很多人都不具备这样的能力，他们只顾及眼前的一点小利益，觉得现在享受了，就不用管以后了，其实这种想法是极为错误的，无论是现在还是未来，我们都不能忽略自己的责任。如果你今天是个清洁工，就要打扫完自己所负责的区域后，才能干其他的事情，这就是责任，这就是平凡人跟伟大人物的区别。

职场中，一个老板可以容忍一个无能力的职员，但绝对无法容忍一个不负责任、无担当的员工。一位社会学家说："如果你放弃了责任，就意味着你放弃了自身在这个社会中更好地生存的机会。"同样地，如果你放弃了自己对工作的担当，也就意味着你放弃了单位里更好发展的机会。一个缺乏担当精神的人，任何工作都难做好，也永远难以获得成功。因此，当你觉得自己缺乏机会，或者职业道路不顺时，不要一味地悲观抱怨，而是应该问问自己是否承担了工作该承担的责任。

何为担当？一位写代码的职员一连工作十几年，对工作从来都是细致、认真，从来没有出过任何错误，这就是担当；一位在主人家待了十几年的保姆，第一次向主人请假一周，主人回到家后发现她给厨房的垃圾桶认真地套上了七层垃圾袋，这就是担当；一位珠宝店的销售人员始终如一地热情对待顾客，哪怕对面来的是一位衣衫褴褛的大妈，他也会热情地示以微笑，仔细地给对方介绍产品，这就是担当……真正的担当精神是全身心地投入自己的工作，专注于自己的职责领域，无关这工作是写代码还是扫大街。不为任何人，自己就是最大的理由，不苟且、不应付、不推诿，把自己正在作的事情当做与世界呼吸吐纳的接口，这就是担当！

2. 有了过失，先从自身找原因

每一个人都有一个自我，自我当然离自己最近，应该最容易认识。事实证明正相反，自我最不容易认识……一般的情况是，人们往往把自己的才能、学问、道德、成就等等评估过高，永远是自我感觉良好。这对自己是不利的，对社会也是有害的。许多人事纠纷和社会矛盾由此而生。

——季羡林

北大企业家俞敏洪在谈及企业家气质时曾说过这样一段话："企业家一定要具备'被人相信'的能力。'被人信任'，关键是在对你自己的人品、人格的信任上，别人能够信任你多少。比如，一旦有事情（需要帮助）的时候他能想到的就是你。也就是说，当周围的朋友离开这里，能不能把身家性命托付于你？两个人一起创业，对方是否相信你绝对不会骗他，赚了钱不会一个人独吞？遇到危险和难处的时候，你是否会冲在前面？这些都是人之大信。包括团队精神、勇敢、善良、敢于担当……取信于人才能够拉班子带队伍。这种能力比一个人会投机取巧、小聪明或高分数要强不知多少倍，所以一定要先把自己变成一个能让别人相信的人。"在俞敏洪看来，一个人能否"被人信任"是成就大事、做领导的重要素质之一，而要做一个"被人信任"的人，一定要有敢于担当的素质，这是第一位的。可以想象，在单位中总是抱着一种"事不关己，高高挂起"的态度，遇事总是推卸责任，做工作总爱挑肥拣瘦的人，如何能成就大业呢？所以，要成就大事，最基本的就是要有担当精神。遇到问题，先从自己身上找原因，或者有了过失，能立即反省自我。这样的人最能树立起"被人相信"的品质。

一家公司刚搞完一次元旦促销活动，效果不是很理想，于是，老板开会，让管理层分析原因。

市场部老总说："元旦促销不理想，我们也有责任，但主要是我们的新产品开发速度太慢，研发部门难辞其咎。"

研发部老总说："我们推出的新产品少，那是因为财务部给的预算太少了，我们的设计师都没钱去德国参加科技展览会。更何况，没钱员工怎么能研发新产品呢？"

财务部老总说："我们的预算太少了，原因是公司今年产品的成本迅速攀升，销量也直线下滑。各个部门都要消减预算成本，我们也是响应老板的号召啊！"

老板看了三个部门老总，淡淡地说："看来，这是我的责任了。"

不久，这三位员工都被老板炒了鱿鱼。

一个人，在其位而不谋其政，做什么事都找借口，不敢承担责任，这样的人不能胜任工作，不仅不能得到提拔，还可能会被扫地出门。而一个人是否懂得认真反思自我，是其是否有担当精神，是否愿意承担责任的前提。所以在任何时候都不要抱怨机会不垂青于你，老板对你有偏见，而是要静下心去反思自己的行为，是否对工作尽职尽责了，是否把工作做得完美无缺了……等你静下心去仔细反思自我的时候，就能发现大多数时候问题都是出在自己身上。要想在职场有一个好的前途，这是第一步，也是最重要的一步。

在生活或工作中，要做一个有担当、有责任的人，你可以从以下几点出发：

(1) 检讨过失，先从自身找原因。生活中，人人都难免会犯错。在此情况下，检讨自身，认识错误就显得极为重要了。其中最重要的就是认错和检讨的方式，最大的错误该由谁来承担，该负大部分责任的是谁，这都是必须要认真考虑的问题。

在生活中，一个有领导气质的人，犯了错之后，必然会先将错误揽到自己身上。无论这件事是谁负责的，只要是自己管辖范围之内的事情，有了问题必定是自己该负大部分的责任。

如果你在犯错之后，就把问题推到别人那里，那你的人品无疑会受到他人的质疑，人们会认为你的心胸不够宽广，认为你小肚鸡肠，而这些都是一个有气质者不应有的特点。所以，无论在什么情况下，都应该先去检讨自己的问题。这并不是坏事情，相反，它对你的益处非常多。

(2) 不害怕承担错误。每一个成就大事的人都明白，失败是为了之后的成功，所以说，在任何时候都不要害怕失败。爱迪生失败一万次才发明了灯泡。但是，"一般人"常常只失败一次就放弃了，所以"一般人"有很多，而爱迪生则只有一个。很多时候，承认错误不是一件坏事情，因为那会让你成长得更快。

（3）不推卸责任。一个有良好气质的人，是绝对不会推卸责任的，因为他知道，一个人应该如何做才能更接近成功。气质是个极为抽象的东西，但是在生活的各个细节中都能够表露出来。每每遇到事情就推卸责任的人，意味着责任心的缺失，而如果缺失了责任心，气质的光辉也便荡然无存。

3. 在获得前，先考虑"我为别人带来了什么"

先会考虑"给"，而再想到"得"的人，是一个成熟的人。

——俞敏洪

"我毕业于名牌大学，在公司混了这么多年，还只是拿着最底层人的薪水，老板简直太黑了！"

"我就是公司的一头老黄牛，吃的是草，产的是奶，什么时候我能够吃的是奶，产的是草就好了。"

"为何我这么努力，老板还不给加薪？"

凡此种种，不一而足。工作中，我们经常会听到类似于这样的抱怨，抱怨老板黑心，抱怨自己付出的多，得到的少。这样的人浑身都充满了负能量，你能从他身上感受到气质吗？真正成熟的、有担当精神的人，在获得前，都会考虑"我为别人带来了什么"，事事都会先从自己身上找原因。这样的人内心无自卑感，所以无论在什么样的情况下，都不会去抱怨。

努力了就一定要给加薪，付出了就一定要得到回报，工作久了就一定要得到升迁，这是多数人的惯性思维。他们的思维仅仅被禁锢在薪水、报酬上面，这样的抱怨，其实也是一种自卑的表现，也是对自我能力不足的心理的焦虑。要知道，一个公司或企业衡量一个人能力的重要标准就是你做出了多少业绩，而不是你付出了多少努力。对于老板来说，一个员工做什么，做多少其实并不是最重要的，重要的是你的成果是什么。有句话说：业绩给人重量，报酬给人光彩。多数人只看到了光彩，却不懂得去称重量。所以，在你抱怨老板不给你加薪时，先要问问自己做出了多少业绩。

衡量你自身价值的是业绩，要获得高报酬，就一定要借助公司这个平台不断地修炼自己的能力，并将能力转化为实实在在的业绩。不要总清高地认为自己有能力、有才华，进入一家公司后，横挑鼻子竖挑眼，总觉得自己大材小用，总想着老板该给自己更多的薪水，而从不考虑自己能为公司带来什么！

四十多年前，肯尼迪在就职典礼上说过："不要问你的国家能为你做些什么，而应该问你能为国家做些什么。"

肯尼迪总统的这句话，道出了当今多数人无法取得事业成功的原因。在过去，我们更关注自身的利益，关心自己是否能够获得足够的支持。而现在我们发现，人人都在考虑自身利益，这使得一些职场工作变得举步维艰。在与家人、朋友相处的过程中，极少有人会考虑"我能为他们做些什么"，他们总是认为人是自私的，索取是天经地义的。但是，肯尼迪的话该让我们醒醒了。在商场上，我们应该提供物超所值的产品和服务给我们的客户，这是我们能为他们做的，也是他们所渴望的。如今，个人或单位能否做到这一点，直接决定了其事业的高度。

同样，在职场上，你能否站在企业、主管、老板、同事、员工的立场上去想"我能为他们做什么"，也直接决定你的发展前途，同时，也关乎你能否有愉快的工作环境和更高的工作效率。面对家人和朋友，

"我能为你们做什么"的想法会使生活变得更加丰富而让人留恋。当你这样去想并去做时就会发现，你的人缘越来越好，工作越来越顺，职位也会越升越高。

那些时时在想"老板能给我什么"的员工，常常是怨气重，工作不顺，很容易将自我发展的道路给堵死；而相反，那些始终思考"我能为老板或企业做什么"的员工，根本不用担心没有出头的机会，更不用担心失业，因为他们想对了问题，做对了事情。

对于那些还在为低薪酬而斤斤计较的员工，更应该先将你的"思维"搬离薪酬方面，把目光放得更长远一些，这样我们才会发现游离于金钱之外的更有价值的东西。薪酬是会变的，而决定薪酬高低的是我们的业绩。正如思科公司前总裁约翰·钱伯斯所说："我们不能把工作看作是为了五斗米折腰的事情，我们必须从工作中获得更多的意义才行。"对于期待事业长远发展的人来说，无论薪水高低，他们都要热爱工作，在工作中都会尽职尽责、力创业绩，这往往是事业成功者与失败者之间的不同之处。

4. 弄清楚一件事：你究竟在为谁工作

你做任何工作都是在为自己工作！你在任何工作中积累的经验、资历和智慧永远都属于你自己。

——俞敏洪

工作中，经常会有年轻人这样抱怨：

"我不过是在给老板卖命，给企业打工，我做的已经对得起那点工资了！"

"给多少工资就干多少活儿，凭什么还要让我干其他的工作！"

"这不是我负责的事，你还是去找该找的人吧！"

"这是单位的事，我管那么多干吗？"

……

讲这类话的，多数是年轻人，他们都有着丰富的知识、不错的能力，却因为生活在滔滔不绝地抱怨中而常常面临如何找下一份工作的窘境。这样的人，你能从他们身上感到有气质可言吗？

现实中，很多人之所以会推卸责任、抱怨连连、叫苦连天，根本是因为他们始终抱着"给老板卖力，帮企业赚钱"的思想。他们认为，工作就是一种简单的雇佣关系，做多做少，做好做坏，和自己的关系不是很大。这样的观念让年轻人失去了进取心，也丧失了主动学习的激情，从而错失了人生一次又一次机会，甚至一生都生活在无休止的埋怨中，得不到一丝的轻松和快乐。

肯尼森是美国硅谷一家软件公司的经理人，他上任一年时间，付出了艰辛的努力，让公司的业绩翻了两番。一个朋友开玩笑说："干吗那么拼命呢？你今天让其翻一番，明年再翻一番，不就可以在完成任务的情况下，混两年了吗？你白天黑夜不分地辛苦工作，把赚来的大把的钱都装进老板的口袋里去了。你也只能拿到一丁点的提成，最终的受益人还是老板啊！"

肯尼森微笑着告诉朋友："工作不只是为追求一份薪水，虽然我是职业经理人，但也要把工作当成自己的事业去做。我不仅希望它翻两番，还希望它能跑得更远。尽管利益是老板的，但同时也最大地体现了我的价值。"

所以，从某种意义上说，一个有远见的员工认为工作是为自己，把企业的事情当成自己的事情好好做，自己才有成就感，也才能够不断地提升自己的价值，完备自身的各方面能力，使自己越来越成熟。

英特尔总裁安迪·葛洛夫在一次演讲中时说过："不管你在哪里工作，都别把自己当成员工——应该把公司看作是自己开的一样。"事实上，只有如此，你才能激发出你的潜力，才能学到真正的本领，成为最终的受益者。

杰克和弟弟杰瑞都在一个码头的仓库里给人家缝补篷布，兄弟两人都很能干，做的活儿也很精细。但杰克与弟弟不同的是，当他看到丢弃的线头碎布也会随手拾起来，留做备用，就像给自己家做事一样。

有天夜里，杰克被暴风雨惊醒，他想都没想就从床上爬起来，拿起手电筒冲了出去。弟弟怎么也拦不住他，直在后面骂他是个大傻瓜。杰克跑到露天仓库中，仔细检查了一个又一个货堆，并顺手把被风掀起的篷布重新盖好。没想到，老板也不放心这些货物，就开着车过来看一下，正好遇到了已经被淋成落汤鸡的杰克。

杰克的诚实和负责得到了老板的信任，他被直接晋升为分公司的总经理，分公司的大小事情都是杰克一个人说了算。杰克的弟弟不止一次地对他说："给我弄个好差事干干。"杰克都没有同意，虽然这对他来说只是举手之劳，但他深知弟弟的能力是不能胜任其职的。弟弟骂他六亲不认，他说："你个傻瓜，这又不是你自己的公司！"

杰克并不理会这些，他深知，干事业只能认认真真，实事求是，无论是给别人干还是给自己干。正是因为他的诚实和执着，短短几年后，杰克成立了自己的公司。这时，杰克的弟弟还在码头替人缝补篷布，也许他永远也不明白，谁才是真正的傻瓜。

对于每个人来说，在初入职场时，都应该弄明白一件事：你究竟在为谁工作？为什么工作？难道工作就仅仅是让老板看，然后从他那里换取每个月的工资吗？

你不是在为老板赚钱，也不是在为企业打工，而是在为自己工作。因为工作不仅让你获得薪水，更重要的是，它还教给你经验、知识，通过工作，能够提升你的能力，使你变得更有价值。

每个人的工作其实都是为了自己，为了自己的事业和自己的幸福，为实现和提升自己的价值。只有对自己的工作目的有正确的认识，才能以饱满的热情、自发主动的工作态度、积极向上的进取精神、顽强拼搏的斗志投身到工作中去，才能真正实现自己的人生梦想和职业目标。

5. 能承受多大委屈，就能成多大事儿

在人类社会中，往往伟大的人都不是靠身体强壮取胜，而是他们的精神足够强大。

——俞敏洪

在职场中，很多人都有"员工思维"，即典型的无担当精神和利己主义的想法。这样的人，但凡遇到一点工作困难，就会立马撂挑子，嚷嚷道："大不了辞职走人，不干了！"这种人多数不容易有成就，其身上也不具备强者的气质，因为其内心是软弱的、无担当精神的，所以极容易因为一点小困难就说放弃。

对此，很多人也许会说，工作压力那么大，自己也只是随便说说而已！但这并不是因为压力大，是因为扛不住压力而已！你扛不住压力，所以只能做一个员工。

马云说："一个人能受多大的委屈，就能成多大的事儿。"这是一定的，也是有现实依据的。

为什么一个领导无论遇到多大的困难，都不会轻易言败，而有的员

工遇到一点不顺的事就想逃避？为何一对夫妻再大的矛盾，也不会轻易离婚，而一对情侣却经常为一些细小的事情就分开了？说到底，你在一件事、一段关系上投入的多少，直接决定你能承受多大的压力，能坚守多长时间，能取得多大的成功。

曾在一家著名企业工作的员工，诉说过他的经历：一天加班到很晚，回到家已经凌晨3点钟了。刚想睡觉，突然收到一份邮件，是老板发来的，说我工作中出现了很明显的纰漏，并批评我工作做得不到位。我收到邮件后很是崩溃，委屈得很。于是当即奋笔疾书，给老板回邮件诉说我对工作是如何的用心，如何的努力做出业绩……洋洋洒洒写了2000多字。

写完了，我突然有些冷静了，就开始琢磨：如果我是老板，我对一个员工工作不满意，于是给他写了邮件批评他，最终看到他洋洋洒洒的解释和辩解会是什么感觉？遇到处处为自己开脱责任的员工，我会重用他吗？显然不会。突然间，我明白了这样一个道理，于是就把那封邮件给删了，只是简单地回复了一句话：对于大意所导致的错误，我会尽快修正，同时，我也会反思我的工作，尽快做出调整。

两个月后我晋升了。在晋升仪式上，我对老板说起此事，他对我说，我知道你当时满心的委屈，我就是想看看你在面对委屈和压力时，会有怎样的反应，这体现了一个人的成熟程度。

冯仑说："伟大都是熬出来的。"为什么用"熬"？因为普通人承受不了的委屈你得承受；普通人需要别人理解安慰鼓励，但你没有；普通人用对抗消极指责来发泄情绪，但你必须看到爱和光，在任何事情上学会转化消化；普通人需要一个肩膀在脆弱的时候靠一靠，而你就是别人依靠的肩膀。

屈辱，可以成为泯灭一个人理想之火的冰水，也可以成为鞭策一个人发奋努力的动力。在工作中受屈辱是坏事，但也能变成好事，关键看你以怎样的心态去对待它。受到屈辱时，我们立马会想到"尊严"，但是比尔·盖茨说："没有人会在乎你的尊严，你只能在自我感觉良好之前取得更多的成就。"也就是说，身为一个员工，你的尊严更多源于你的努力和成就，所以，在你受屈辱时，请先想一下自己是否有足以维护自我尊严的实力和才干。

心理学家认为，人的三大精神能源：创造的驱动力，爱情的驱动力，受屈辱的反作用驱动力。受到屈辱就是一个人在精神上受压迫，它像一根鞭子，鞭策你鼓足勇气，奋然前行。一位哲人说："无论怎样学习，都不如他在受到屈辱时学得迅速、深刻、持久。"屈辱使人学会思考，体验到顺境中无法体会的东西；它使人更深入地去接触实际，去了解现实，促使人的思想升华，并由此走出一条广阔的成功之路。当然，要做到这点的前提就是要在受到屈辱时有积极正面的心态。

第 14 章

温润：练就如水般的品性

北大人认为：良好的气质，一定是温润、含蓄的，它给人的是一种如烟似水的舒适感。只要与其相处，其温婉的个性便会缓缓地轻轻地蔓延开来，飘到你的身边，扩展、弥展，然后将你围拢、包裹、熏醉，带给你的是一种宽松，一种归属，一种美。具有温润个性的人，其个性是温和如水般的，在任何时候都是淡然的、平静的，无欲无争，给人的是一种平和的美。

1. 做人应如水，修炼"无欲无争"的品性

到了今天，名利对我都没有什么用处了。我之所以仍然爬（格子），是出于惯性。其他冠冕堂皇的话，我说不出。"爬格不知老已至，名利于我如浮云"，或可能道出我现在的心情。

——季羡林

晓彤下班后约好友一起吃饭，因为工作上的事，朋友迟到了。半个小时后才急匆匆地赶来，对晓彤说，因为下班的时候他和同事吵了架，言语激烈，好不容易才被人劝住。晓彤问朋友原因，朋友告诉她说，就为了一个演示文稿排版的小问题。一件小到不能再小的事情，由于各自坚持自己的观点，从单纯的业务讨论上升到能力的质疑，再到人品的攻击，最终闹了个不欢而散。

晓彤问朋友，这么小的事，难道你不能心平气和地谈吗？朋友说，老板急着要，又快下班，想早点回来，所以就沉不住气了。再有就是他的排版不清晰，的确是有问题的，我没错，错在同事。

从上面事例中，我们虽然不知道晓彤的那位朋友长相如何，但是我们可以感受到，他一定是位攻击性极强的人，其心中充满了"戾气"，因为一点小矛盾便会与人产生冲突和摩擦，这样的人你能感受到他的气质吗？

良好的气质给人的一定是温润如玉的感觉，那样的人，其神情是和蔼的，个性是温和的，眼神是充满善意的，如水一般拥有无欲无争的品性。我们知道，水是无色、无味，透明的流动的液体，没有任何欲望和私心，不与天急，不与人争，更不与自己争，完全随外界的变化而变化

自己的形态、形体等。其实，水的无欲无争的境界也是为人处世的至高境界，"做人如水，无欲无争"即指内心没有任何欲求，不与任何事物相争。你高，我便退去，决不淹没你的优点；你低，我便涌来，决不暴露你的缺陷；你动，我便随行，决不撇下你孤单；你静，我便长守，决不打扰你安宁……那是一种无私无欲求的人间"大善"，是君子应该效仿的做人原则。在现实生活中，要真正地做到无欲无求，就是要懂得不抱怨、不愤懑、不计得失，能时时随遇而安，无时无刻保持一颗平常心。

北大教授季羡林，一生都以"无欲无争"为做人原则。与季羡林熟识的人都这样评价他：忠厚简朴，还带着点乡土气息。曾经与他做过邻居的张中行先生也用"厚朴"二字来评价他，他说季老家里"陈旧，简直没有一点儿现代气息"。季老的工资并不低，他曾对自己的收入做过介绍，早在 20 世纪 50 年代的时候，他就被评为一级教授，工资大概在 345 元，再加上中国科学院哲学社会科学部委员的每月津贴 100 元，这在当时是一个颇大的数目，到了今天，虽然不如当时那么"辉煌"了，但是生活水平也没有太多的改变，用他的话说"生活水平，如果不是提高的话，也绝没有降低"。他追求简约的生活是出了名的，这当然也与他安静平和的性格有极大的关系。

在季羡林看来，吃饭穿衣是为了活着，而活着的意义绝不仅仅在于吃饭穿衣。他这样说："我是对吃，从来没有什么要求。早晨一般是面包或者干馒头、一杯清茶、一碟炒花生米，午晚两餐，素菜为多。我对肉类没有什么好感。这并不是出于什么宗教信仰，我不是佛教徒，其他教徒也不是。我并不宣扬素食主义，我的舌头没有什么毛病，好吃的东西我是能品尝的。不过我认为，如果一个人成天想吃想喝，仿佛人生的意义与价值就在吃喝二字上，我真觉得无聊，'斯下矣'，食足以果腹，不就够了吗?"

其实,季羡林一直以"无欲无求"来约束自我,在平时的衣着,永远都只穿一身洗旧了的中山装,圆口布鞋,出门时手中提着的是年代久远的人造革书包,这身装束走在人群中,绝不会让人想到这就是赫赫有名的季教授。季老的家是水泥地、大白墙,没有经过任何装修,家具十分简单,都是学校发的,已经过于陈旧。在这个家中,老祖和妻子的床占去了半间屋子,而他自己住的较小的房间里,除了一桌、一椅和一床之外,其余的便是书了,他的书从地面一直堆到天花板。后来学校得知他家的简陋程度,为他装修了客厅,自此,情况才有所改善。

其实,北大有很多如季羡林这样的人,他们将"无欲无求"作为人生的行事原则,正是这原则成就了北大人不凡的人生、高洁的品性与脱俗的气质。

2. 拥有一种富有人情味的亲和力

在与人交往中,最能赢人好感的莫过于富有人情味的亲和力。这种亲和力叫作:尊重内心、不俗不媚、宽容随和、通情达理。

——周国平

真正有气质者,总是充满人情味的。一个冷冰冰拒人于千里之外的人,即便长相再美,也会因为缺乏人情味而让气质凝固,很难感染到他人。而相反,一个活泼开朗,在一颦一笑间都"人情味"十足,说话温文尔雅的乐观主义者,总是富有气质,能让人产生喜爱之情的。

"人情味"十足的人,其在谈话的时候,总是用友善的口吻,脸上也经常保持着微笑,这样做不仅仅能够消除人与人之间的隔膜,还能够拉近彼此之间的距离。在人际交往中，具有亲和力的人不俗不媚、宽容随和、通情达理，无论何时何地都是广受欢迎的。一个具有亲和力的人，通常在交往中，能够主动示好，吸引周围的人，把自己身边的人都变成"自己人"，不仅仅能够消除对方的紧张和尴尬，还能够运用自己的幽默和亲和力，完全将对方吸引住，成为他人心中有魅力的人。

丽莎是一家广告公司策划部的经理，近来，她感到工作压力很大，因为公司刚刚将一家汽车公司的年度广告交给她全权处理。为了能在预定期内完成任务，她要求策划部所有员工都必须打起精神，全力以赴。

当大家都在为工作紧张奋战、加班加点的时候，员工刘艳却依然懒懒散散，每天不仅找机会开溜，还经常迟到。丽莎发现后没说什么，只是微笑着说道："老天爷，你知道现在是什么时候吗？大家都焦头烂额了，你能也卖点力吗？"她的口气十分轻松，脸上洋溢着微笑。刘艳的脸微微地红了，不敢吱声，心想这下该挨批了，但是，丽莎没有发火，什么也没说就走开了。

第二天，丽莎主动找到刘艳，问她："家里是不是出现了什么事情，有什么需要帮忙的，尽管开口！"刘艳听后很是感动，并说明近段时间孩子的爸爸出差，孩子没有人接送，所以，经常会早退、迟到。丽莎给予了积极的安慰，刘艳深受感动，总是将工作拿到家中做，为策划出了很多好点子，使工作进展极为顺利。

丽莎女士亲和的态度，友善的口语表达，使她自然与员工打成一片，达到了很好的管理效果。亲和力就是放低姿态，平等地与人沟通交流，这是一种心与心的平等和互惠。所以，无论你身处于什么职位，手下有多少人，都不能失去人情味，否则，就会失去他人的支持和尊重。

在与他人沟通中，富有人情味的亲和力是人与人之间的黏合剂。如果我们将要说的话比作佳肴，那么丰盛佳肴的餐具便是亲和力。可以想象，如果这器具总是脏兮兮的令人生厌，那么谁还会在乎其中的佳肴味道如何？

一个具有亲和力的人，与他人之间的关系必然是友好而和谐的，因而，他的内心是快乐的富足的，那么气质也便自然而然地散发出来。所以，要想成功提升自我气质，从现在开始在你的一颦一笑中再添些"情"味吧，不久，你就会发现，无论走到哪里，都会受到他人和蔼微笑的回敬。

3. 散发积极的"能量"，传递你的光和热

如果我们相信自己能够做成事情，并且从心底里相信，我们通常就能够做成事情。

——俞敏洪

成功学大师卡耐基说："吸引别人的关键无非一点，那就是积极、积极、再积极！"当然，这里积极，一方面是指态度的积极，即对他人要表现出足够的主动性；另一方面主要指情绪方面的积极，就是在他人面前，要散发出积极的能量来，不断将你的"光"和"热"辐射给别人，才能让自己有磁石般的魅力，将他人牢牢地吸引住。就是说，在交际场上，要学会向他人传递正面积极的信息和能量。

心理学家根据调查，专门制订了两套受人欢迎和不受人欢迎的词汇表。

受欢迎的词汇：爱、幸福、幸运、乐观、开朗、安全、信赖、漂亮、魅力、聪明、真实、容易、健康、优雅、知性、美丽、绅士、修养等。

不受欢迎的词汇：痛苦、悲伤、焦虑、困难、成本、辛苦、劳苦、死亡、破坏、担忧、责任、义务、失败、压力、错误、糟糕、很差等。

从上面可以看出，受欢迎的词汇大都是积极的、正面的，而受人排斥的词汇大都是消极的、负面的。也就是说，人们都愿意接收正面的信息或暗示，而排斥消极的负面的信息或心理暗示。为此，在交际场上，要做受人欢迎的人，就该学着用积极的方式去感染他人。当然，所谓的"积极方式"，可以是一个会心的微笑，一句诚恳的赞美，活泼乐观的沟通等，同时，话语或表情要尽量避免那些能让人产生压迫感的词汇，要知道，谁都不愿意自己被紧张或消极的氛围所笼罩。就好像很少人喜欢连日阴雨的坏天气一样，如果你是一个心里常常刮风下雨、不见阳光的人，自然也不会有人乐于与你靠近。如果你想做个成功的、拥有良好人缘的人，就先为你的"乐观"加码！

北大留给人们的印象始终是激情昂扬的，鲁迅曾经这样称赞北大："北大是常为新的。"在这所常新长青、始终处在时代前沿的一流学府里，不乏人才、天才和怪才，在这些个性鲜明、意气风发的北大才子身上，时刻闪耀着北大精神。北大人自信、开放、锐意进取，他们从不给自己消极的心理暗示，每天都以积极的心态面对新一天的生活，无论走到哪里，置于何种境地，都保持着强大的自信和无与伦比的骄傲，因而在积极力量的推动下，不断地感染着周围的人，做出了了不起的成就。

在人际交往的空间中，一个人给予别人积极能量越多，他的朋友就会越多。一个人若总能站在别人的角度去看问题，想问题，并给别人提供帮助，他的人缘自然就越来越好。一个人总能用自己的乐观开朗去影响别人，感染别人，他的人际圈就越来越广。反之，如果一个人总是觉得自己是"最倒霉"的，总将别人当成个人发泄情绪的垃圾筒，总希望"听众"来承担自己的情绪压力，喜欢"榨取"别人的能量，他的朋友就会越来越少。这样的人是毫无吸引力可言的，更是无气质者。

为此，从现在开始，我们要尽量要避免将消极的能量带给他人，要让自己在轻松的聊天状态中，渐渐进入他人的内心。即便是两个公司的业务代表谈判，也不要一张口便将合约、责任、出货、成本、交易、价格等词汇挂在嘴边，这极容易造成对方浓厚的压迫感。压迫感一来，就容易挑起人的逆反心理，逆反心一来，这场公关"战役"就变得复杂多了。

4. 乐观是一种能量

配备两个"保健医生"：一个叫运动，一个叫乐观。运动使你生理健康，乐观使你心理健康：日行万步路，夜读十页书。

——王恩哥（北大校长）

一位作家说："乐观是一个人永葆魅力的'黄金软甲'，是一个人手中的利斧，可劈斩征途上的荆棘，可劈斩身边的烦恼。"一个乐观主义者，无论在何时，其生活中都跳动着快乐的音符，给人以感染和向上的激励。他们大度、通情达理、善解人意，会以其特有的宽厚、细腻、善意去宽容别人、接纳别人、感觉别人。同时，他们又是自信的，坚韧的，不会轻易被挫折伤痛所击倒，不会沉迷在凄切的自艾自怜里，更不会桎梏于凄美的文字和伤感的情绪里，不会反复玩味吮舐自己的伤口。他们的乐观情绪总会感染他人，给人带去快乐和温馨。可以说，乐观是一个人最贴身的"黄金软甲"，使人在一颦一笑中都能散发出迷人的气质来。

相貌良好者会因为举止的典雅更显气质，平凡的人也会因为自身的乐观而更显魅力。乐观向上的人一般都是对生活充满信心的人，我们看到张海迪靠着自己坚强的意志学会了那么多种语言，怎么说她是没有魅力的呢？北大的一位心理学家说，当一个人心情好的时候，通常面部的肌肉是分布均匀的，其面貌是娇好的，长此以往，人的良好气质和容貌都是这样形成的。的确，一个好心态者无论在何时都能散发出乐观、积极的气质，能随时随地感染到其他的人，让人心生好感。相反，一个生性悲观者，常沉溺于苦闷之中的人，其气质是凝固的，带给人的都是负能量，如何去让人心生好感呢？

在美国有这样一个小女孩，她每天都从家里走路去上学。一天早上天气不太好，云层渐渐变厚，到了下午时风吹得更急，不久开始有闪电、打雷，好像即将要下大雨。小女孩的妈妈很担心，于是赶紧开着她的车，沿着上学的路线去接小女孩，她担心小女孩会被打雷吓着，甚至被雷打到。开车的途中她发现很多孩子都被天空中的响雷吓哭了，雷打得愈来愈响，闪电像一把"利剑"刺破了天空，马上就会有暴雨降临。小女孩的妈妈终于在焦急之中看到自己的小女儿一个人走在街上，不仅没有被打雷吓到，却发现每次闪电时，她都停下脚步，抬头往上看，并露出微笑。看了许久，妈妈终于忍不住叫住小女孩，问她说："你在做什么啊？"小女孩说："妈妈，你看上帝在帮我照相，所以我要笑啊！"

其实，在生活中很多时候都需要我们拥有一个好的心态，一个乐观的心态对于我们实现人生的理想有很大的帮助。如果你用乐观的心态去看待生活中的事情，你会发现生活中其实有很多值得高兴的事情，你的心情也会变得很好，就像文中的小女孩一样。倘若把一切事情都看作是磨难，那么，你也将失去自己生活的美好。一个人要保持自己良好的气质就不要做一个"郁人"，而是用积极乐观的心态去拥抱生活，这样你带给他人的都是满满的正能量，才能生活得更好，获得更多的成功。

5. 人生别样的美丽，就在你"低头"的那一瞬间

懂得低头的人，是永远不会吃亏的。

——叶舟

北大诗人徐志摩在诗中写道："最是那一低头的温柔，就像一朵水莲花不胜凉风的娇羞……说出了女人在低头间所呈现出来的美丽与温柔。"《倾城之恋》里，范柳原调侃白流苏说："你的特长是低头。"可见，一个爱低头的女人，骨子里便有别样的风致。在异性的眼中，她那份低头间的柔敛，代表的是她性格中最为深切的女人味道，这样的女人其一颦一笑，都充满了迷人的气质。同样，一个懂得低头的男人给人的是深沉的韵味。其在低头垂颈间，是为了寻求一种安宁的姿态。一个懂得安静的人，总是更容易让人生出诸多好感来，这就是所谓的内敛中蕴含的力量，这种力量是一种别样的气质。

一个懂得低头的人，说明了他为人处事的谨慎，这样的人平和自然，交友谨慎，同时也有踏实端正的做派，在举手投足间，能时时焕发出别样的气质和魅力。

北大企业家俞敏洪曾说过这样一段话："低头做人，抬头做事，是一种智慧。韩信"钻裤裆"，是因为他对自己的未来有信心，知道小不忍则乱大谋，而历史上没有任何人因为'钻裤裆'事件而小看韩信。所谓'做事像山'，是说做事要有山一样不可动摇的决心和意志，只要确定了目标，就必须像爬山一样坚持下去。人不能有傲气，但必须有傲

骨。傲气流于表面，不可一世，一眼就能被人看出来，是肤浅的表现。而傲骨是精神上的，是内在的一种气质，有傲骨的人待人接物都很随和，但内心却有很明确的使命感和责任感，对完成自己的使命有着山一样不可动摇的决心和意志。"

台湾著名绘本画家几米在其作品中有这样一段话："掉落深井，我开始大声疾呼，等待救援……天黑了，我黯然低头，才猛然发现水里面满是闪烁的星光。我终于在最深的绝望中看到了最美丽的惊喜。"这段话，诗意盎然的语言道出了耐人寻味的哲理，给我们以这样的启迪：懂得低头不仅能展现出一个人特有的魅力，而且它还是一种智慧的生存哲学，能让我们以更好的姿态和状态面对人生的不顺或忧愁。

人生道路上，没有所谓的风平浪静，一帆风顺。当我们处于绝望或困境中时，我们要学会低下头看一看，你便能发现别样的美丽，这时你就能发现生活中处处充满了美好，能让你冷却的心灵重新充满希望，充满快乐的阳光。

一位职业女青年，为了完成一项重要的工作任务，曾彻夜不眠地加班，顶着烈日去做调研，汗流浃背。但为了生活，她不得不继续忍受下去。

有一天，她拖着疲惫的身子回到家中，看到年迈的妈妈一如既往地在厨房中忙乎着为她做饭、烧水，老爸在门口见到她回家，眼睛立即眯成了一条线……这时候，她发现简陋的家中竟然充满了别样的温馨。她慢慢地走进厨房，轻轻地从背后搂住妈妈的腰。妈妈转过身用粗糙的大手抚摸着她的额头，她猛然觉得所有的苦和累都在瞬间消失，内心洋溢着幸福的滋味。

就这样一个小小的动作，就将她一天的疲惫赶走，再也感觉不到任何劳累了。

　　生活中处处都充满了美，只要肯低下头去，就能发现别样的美丽。这样的美丽可以减轻你内心的沉重，重塑你的自信心，提升你的气质。为此，当你事业陷入低潮之时，心中如果没有了指点江山的豪情壮志，只要你低下头，就可以看到亲情的温暖。当这份温暖支持你走出困境之时，低下头，你又能看到自己收获了乐观的性格与坚毅的品格，而它们又是提升你内在气质的最重要品质。

　　总之，肯低头的人最美丽，它们的美丽不仅仅是那份含"娇"带"羞"的温柔气息，而且是那份面对困难和磨难乐观与积极的精神状态。谁敢说，这样的人没有气质？

　　我们天天在写字楼间仰望天空，俯视人群，眼中尽是纷繁芜杂的形色。眼睛看到的太多，脑中则只会越来越空。当你觉得把握不住自己的心，当你对自己的判断力感到吃力，当你觉得对方开始对你皱眉头，当你感到工作的压力已经让你喘不过气来的时候，那么，请你轻轻地低下自己的头，脚下有最美丽的风景，它能愉悦你的内心，能让你在前行的道路上越走越远。

第 15 章

自由：独立之精神，自由之思想

自由是北大人一直信奉的精神理念。1916 年，蔡元培出任北大校长后，提出了"思想自由，兼容并包"的办学理念，并一扫原有的官僚作风和腐朽气息，为北大奠定了正确的发展方向。蔡元培思想的继任者蒋梦麟也认为个人的价值在于他的天赋与秉性之中，教育的目的就是要尊重这种价值，让每个人的特性发展到极致……对此，学者智效民评论道："虽然经历时代变迁，民国那几任北大校长仿若成为高等教育的绝唱，他们民主治校、培养通才、注重人格教育的光辉思想，在今天看来依然熠熠生辉。"

1. "自由"已成为北大人骨子里的精神气质

北大精神的内核是"自由与容忍"。

——胡适（著名思想家、哲学家，曾任北大校长）

"自由"是北大一直信仰的精神。北大的前身为京师大学堂，当时的北大是一座"官僚养成所"，衙门习气极重。在蔡元培先生担任校长后，便抱着改革教育、清除积弊的理念，提出了"思想自由，兼容并包"的治学方针，并决心用这八个字来塑造北大。就是在"兼容并包，思想自由"精神的引领下，北大吸引了中国的各路学术精英。以文科为例，从陈独秀、胡适、李大钊、钱玄同、刘半农、周作人、鲁迅，到辜鸿铭、刘师培、黄侃，大师云集，各种文化社团风起云涌。而那种"师生间问难质疑，坐而论道的学风"，那种民主自由的风气，从那时开始形成，成为北大异于其他大学、吸引后来一代又一代学子的独特传统。

北大是信奉自由思想的。在学术上，是各种学说的平等，百花齐放、百家争鸣。在教学上，北大素来有鼓励自由研究的风气，学校对学生管得很少，往往任其自己研究感兴趣的学问。其极端的例子，如"民国时期"著名学者陶希圣，他说自己在北大法律系读书的时候，第一年整天在公寓里看《明儒学案》。在日常生活中，自由已经成为北大人骨子中的一种气质，甚至已经成为北大人的一种标签。北大人最注重个性独立、崇尚自由的生活。北大教师也素来尊重学生的个性，不妄加干涉他们的生活和爱好。在个人，在不影响他人的前提下，有充分的选择自我生活方式的自由。如衣着，从"民国时期"身着长袍马褂、拖着辫子走上北大讲堂的辜鸿铭开始，直到今日依然有身着儒衫、僧服的身影悠然漫步在北大校园，北大人从来都是淡然视之，不会大惊小怪。在人与人之间的交往方面，田炯锦的《北大六年琐忆》道出了其在"民国"六年入学后看到的北大人，他这样写道："西斋有些房间，开前后门，用书架和帐子把一间房陋为二，各人走各人的门。同房之间，说话之声相闻，老死不相往来者有之。"最典型的是北大学生喜欢在集体宿舍中用布帘分隔出自己的独立空间，这种风气从"民国时期"一直延续到今天，充分反映了北大人珍视私人空间的传统。

北大的自由之风并不表示北大人是个人主义，相反，北大人在许多重大历史关头都团结一心，共赴国难，表现出高度的使命感和集体意识。北大的自由精神是真正的理性的自由，包含着高度自律和自治精神。宽容、民主是北大保持个性自由的前提与保障。因为宽容，辜鸿铭才可以拖着辫子走上民国年间的北大讲堂；因为宽容，北大人才能在100多年的历史中凝聚和培养出一批又一批的杰出人物，无愧于中国最高学府的荣誉。在日常生活中，北大人之间的私人交往又很少，几乎每个人都有鲜明的个性，大家互不干涉。但是北大有各种各样的社团，北大人可以很方便地参加或创造自己感兴趣的社团。社团的生活是高度民主的，它使北大人在社团生活中充分发挥自己各方面的潜质，实现个性自由发展的同时，养成了高度的自律意识和高超的组织动员能力。自五四运动以来，北大就一直保有学生自治和教授治校的民主传统。曾任北大校长的蒋梦麟在《西潮》第十章对此回忆道："学术自由、教授治校以及无畏地追求真理，成为治校的准则。学生自治会受到鼓励，以实现民主精神。"正是由于学生自治和教授治校的民主传统才保证了北大经历各种风风雨雨，依然能够坚定地捍卫着师生们的自由精神。

2. 时刻保持清醒，摆脱"权威效应"的束缚

其实先驱者本是容易变成绊脚石的。

——鲁迅

批判精神是独立人格必备的一种品质，也是培养自由思想的基础。具有质疑精神和批判性思维的人不但不会盲目跟从大众，而且从不迷信权威，敢于挑战权威，追求真理和真相。但绝大多数人都会受到权威暗示效应的影响。心理学家指出：一个有威望、地位高的人，无论说什么做什么，都会得到大众的信赖，他们的言论和行为较少受到公众怀疑，即使存在严重偏差也能瞒天过海，这就是所谓的权威暗示效应。

在现实生活中，权威暗示效应是比比皆是的，权威人物代言的产品更容易受到追捧，权威人物所发表的言论常常被作为最可靠最有说服力的论据，人们对权威人物的膜拜和迷信已经到了无以复加的地步，这种现象长期存在不利于解放人的精神和思想，而且会长期阻碍社会的进步。

北大素来把批判精神作为完善健全人格的重要内容之一，甚至鼓励学生大胆质疑，提出自己的个人观点，在自主招生面试的过程中，重点考察考生的独立见解和批判性思维。蔡元培出任校长不久，便聘请年轻后生胡适为北大教授，时隔四年以后，胡适毫不客气地对蔡元培的红学理论提出质疑，并发表了一篇名为《红楼梦考证》的文章，时任红学研究带头人的蔡元培受到了公开挑战，他并不认同胡适的观点，但却一点都不生气，反而非常欣赏胡适对学术钻研的执着和热忱，尤其欣赏他的批判性学习精神。这就是北大人所践行的传统。

我们习惯仰望权威，常把权威人物的只言片语当作金科玉律，长此以往，就会丧失独立思考的能力，成为一个被人随意牵着鼻子走的人。过于轻信、盲目轻信，有时可能会把我们的人生带入困局，有时可能成为我们自由发展的桎梏，只有给自己一剂清醒剂，让自己保持清醒的头脑，发扬敢于怀疑、善于怀疑的精神，凭借自身的人生经验做出独立的判断，我们才能成为一个完全的人，一个有胆识有魄力，有能力自己做主自己决策的人。

在一堂心理实验课上，教授向全体同学介绍了一位特别的来宾，声称他是全世界最知名的化学家之一，接着就把课堂让给了化学家。这位长满络腮胡子的化学家看上去十分威严，而且非常有派头，他那略微沙哑的嗓音更是为他的话语增添了几分权威感。只见化学家不慌不忙地从皮包里取出了一个装满液体的玻璃瓶，然后对台下的同学说："我刚研究出了一种挥发性很强的液体。现在我打开瓶塞，它马上会挥发到空气中，不过你们不用担心，它是绝对安全无害的，谁要是闻到了特别的气味，请立即举手。"

很快，学生们陆陆续续地举起了手，不到两分钟的时间里，全体学生都举手表示闻到了挥发气体的气味。这时教授告诉学生瓶子里装的只是无色无味的蒸馏水，根本就不是什么挥发性液体，这位讲课的化学家也是个冒牌货，他并非是什么世界知名的化学家，而是本校的一位老师。学生们立即目瞪口呆。

权威在很多时候能误导大众，面对权威，我们应该擦亮眼睛，不能被假象所蒙蔽，对于权威我们应该有一个更加客观的认识，秉承实事求是的精神。一方面我们应当尊重先驱人物和德高望重的泰斗人物，另一方面我们不能过分迷信权威，而要保持适度的怀疑态度，透过现象挖掘本质，在不断的探索中寻找可靠的答案。

3. 独立精神和自由意志是必须争的，且须以生死力争

思想而不自由，毋宁死耳。斯古今仁贤所同殉之精义，其岂庸鄙之敢望。一切都是小事，唯此是大事。碑文中所持之宗旨，至今并未改易。

——陈寅恪

"独立之精神，自由之思想"是曾经北大教授的陈寅恪先生的核心思想理念。他不仅提出这样的思想，同时也在中国思想史上最黑暗的年代用行为去诠释和践行这一理念，所以，这是大师留给我们当代人最可宝贵的一笔精神遗产。

关于此，陈寅恪在《王观堂先生挽词并序》中这样写道："士之读书治学，盖将以脱心志于俗谛之桎梏，真理因得以发扬。……唯此独立之精神，自由之思想，历千万祀，与天壤而同久，共三光而永光。"其实，在大师看来，每个人的精神和思想都应该是独立和自由的，不应受外物的影响，这样才能彻底摆脱思想的侄梏，使真理得以发扬。

他不仅在思想上向知识分子推崇这样的思想理念，在教学上也坚持这一原则。他在清华授课，曾经对学生说："前人讲过的，我不讲；近人讲过的，我不讲；外国人讲过的，我不讲；我自己过去讲过的，也不讲。"他之所以坚持"四不讲"理念，就是让学生自主地去培养自己独立的精神，自由的思想。

另外，在生活中，他也用自己的言行在诠释这一理念。

抗战胜利后，双目失明的陈寅恪重新回到清华园。因为他的眼睛完全看不见，清华就为他配了三个助手来协助他的教学和研究。这三个助手都是他当年的学生。其中汪篯是他最喜欢的一个，他们当时可以无话

不谈。

但在 1953 年，在清华时的学生蒋天枢给自己的老师寄来了长篇弹词《再生缘》，陈寅恪听了，备受震动。在病中，他用口述的方式撰写《论再生缘》。由此，他开始了对明清历史和文化的探索。

正当陈寅恪沉浸于新的学术领域时，中国科学院拟请他出任历史研究所二所的所长。在北京的许多好友都希望陈寅恪能够答应，但却被他拒绝了。随后，他最喜欢的学生汪篯也来劝说他。他们刚开始谈得很好，但不久就谈崩了。陈寅恪感到这个昔日门生，已经完全摒弃了自己恪守的治学为人之道，他怒斥道："你不是我的学生！"

因为在陈寅恪看来，读书治学，只有挣脱了世俗的桎梏，真理才能得以发扬。在这个意义上，他说："我要请的人，要带的徒弟，都要有自由思想、独立精神，不是这样，即不是我的学生。"

在当时种种压力的挑战下，大师依然能坚守并践行这一思想精神信条，就进一步增强了"独立之精神，自由之思想"作为现代知识分子思想精神原则之严肃性、崇高性或神圣性，也是北大人的一种值得人骄傲的精神气质。

陈寅恪先生的"独立之精神，自由之思想"在当今社会仍旧有着极深的指导意义。一个精神不独立，思想不自由的人，常常会因他人的思想或外在的因素而左右自己的行为，无论在生活中还是在工作中，都弄不明白自己真正要的是什么，真正追求的是什么。

陈晓从小到大都是班上的好学生，成绩也还不错。最终如愿以偿地考上了一所好大学，毕业后还找到了一份好工作。在别人看来，她的人生是完美的，令人羡慕不已。但只有陈晓自己知道，她活得一点也不开心，因为她时常搞不清楚自己工作是为了什么，不知道自己真正需要什么。所以，她一直处于一种如柳絮般随风飘荡的状态。而刘枫则与她截然相反，他在中学时期就比较叛逆，而一旦树立了自己的理想，就会不管不顾，无论多累都会想办法去实现自己的理想。大学毕业后，他找到了一份自己喜欢的工作，内心的满足和充实感十足，不断地在自己感兴趣的职业里进取，最终取得了巨大的成功。

可见，独立精神和自由思想对一个人的人格和行为有着多么大的影响力。所以，无论在生活、学习中还是在工作中，我们都要着重地去培养自我独立的精神，自由的思想，这是培养独立人格的基础，也是找到自我人生价值、人生目标和幸福生活的基石。

4. 尊重知识，做独立的自我，不曲学阿世

默念平生，固未尝侮食自矜，曲学阿世，似可告慰友朋。至若追踪前贤，幽居疏属之南，汾水之曲，守先哲之遗范，托未契于后生者，则有如方丈蓬莱，渺不可即，徒寄之梦寐，存乎遐想而已。呜呼！此岂寅恪少时所自待及异日他人所望于寅恪者哉？

——陈寅恪

这是陈寅恪先生的一段原话，其字里行间向我们传达了一位国学大师的傲骨风范：不曾为得食而屈膝受辱，更未曾歪曲自己的学术，以投世俗之好。字里行间我们可以读出一位学者泣血滴泪的悲慨情怀，是陈寅恪生命中的一曲悲歌，是一个文化殉道者的独白，同时也是一位虽九死而虽不悔的学术老人留给这个世界的一个隐语。

一位真正意义上的国学大师，首先不是看他的学问有多渊博，学识有多丰富，更要看他的为人和治学的态度。也就是说，做人是衡量一个人能否其为大师的首要标准。有人说，陈寅恪先生是中国三百年来难得

的一位国学大师，是中国文化的托命人。能担得起如此高评价的，首要的就是要有刚正不阿的品质和作为一学术文人的修养。实际上，陈寅恪大师留给后人的最为重要的就是他高尚的人格和优秀的品质。

古人云："君子有三立：立言、立功、立德。德不立，其他的自然就免谈。"正所谓的道德文章，也是道德在前而文章在后。事实上，在中国历史传统中，尤其是在近百余年中，能否坚持学术的独立的根本信念，已经成为衡量一个学者，或者是知识分子精神人格的准绳，也是区分真学术与假学术的分水岭和试金石，是区分一个造诣极深的知识分子能否成为国学大师的重要标准。陈寅恪最为人所称道的，也是他最为自得的，就是在学术研究中所坚持的"自由意志"与"独立精神"。

如果说陈寅恪的"侮食自矜""曲学阿世"是对学术人和知识分子最严厉的谴责，恐怕是没有异议的。反之，能做到像陈先生那样一生治学都遵循"独立之精神，自由之思想"，当然算得上是一种最高的境界了。

在 1936 年，陈寅恪先生的学生周一良在南京中央研究院历史语言研究所，曾就"溪人"问题向在清华的陈寅恪请教。当时的陈老热情地提出了自己的意见。随后两人信札往返，相谈甚欢。后来陈老又撰《魏书司马睿传江东民族条释证及推论》，在开首部分提及此事时"颇富感情"。然而，新中国成立后陈先生出文集时却把这"颇富感情"的话删去了。显然，陈寅恪先生认为弟子周一良"曲学阿世"。随后，他在《对科学院的答复》的信中有这样几句话："你已经不是我的学生了，所有的周一良也好，王永兴也好……"

由此可见，陈寅恪的为人与对学术的认真态度和尊重着实让人敬佩，是值得我们当下的每一个知识分子去学习的。

对此，易中天教授曾经写过一篇文章，题目是《劝君免谈陈寅恪》，为什么要"免谈"陈寅恪呢？易中天则是怀着无比敬畏的态度这样说道："陈寅恪是了不起，可惜我们学不来。"理由有三：首先是"顶不住"，其实是"守不住"，最后是"耐不住"。有了这"三不住"，陈寅恪还真是免谈的好，因为谈了也是白谈。在这里，易中天对陈寅恪先生的治学态度和人格进行了由衷的赞赏和敬佩，这也是现当代许多学者或知识分子身上所缺乏的。为此有人曾感叹说，大师之后再无大师。

陈寅恪曾在《王静安先生遗书序》中说："自昔大师巨子，其关系于民族盛衰学术兴废者，不仅在能续先哲将坠之业，为其托命之人，而尤在能开拓学术之区域，补前修所未逮，故其著作可以转移一时之风气，而示来者以规则也。"这是陈寅恪心中"大师"的经典性标志，也是一个大师对另一个大师的敬仰感佩之语。可以说，陈寅恪先生留给我们更多的是对知识的尊重，对学术的严谨态度，正直的人格与自由独立的思想理念。他的所作所为也给我们当下的知识分子或文化人以极深的启示：要做一个真正意义上的知识传播者，首先要摒弃易中天所谓的"三不住"思想，将个人"道德"放在做学问之上。

5. 只求学问，不受学位

考博士并不难，但两三年内被一专题束缚住，就没有时间学其他知识了。只要能学到知识，有无学位并不重要。

——陈寅恪

"此生只求学问，不受学位"是北大教授陈寅恪先生所毕生追求的理念，在他看来，学习知识要大于学习形式，他本人不仅已将学习学问凌驾于个人得失之上，而且还教导学生学问大于学位的学习理念。

陈寅恪从 12 岁起就曾先后在日本、德国、瑞士、法国、美国等多个国家的高等学府求学 18 年。值得人深思的是，陈寅恪虽然游学多年却没有得到一个学位。陈寅恪完全是为了读书而读书，哪里有好大学，哪里藏书丰富，他便去哪里学习、听课、拜师、研究。对于绝大多数人趋之若鹜的学位，他却淡然视之，不以为然。

在 1925 年，清华学校创办国学研究院，时在清华任教的吴宓就专程向梁启超介绍陈寅恪，梁启超便很快地推荐陈寅恪担任国学研究院导师。当时清华的校长曹云祥问梁说："陈寅恪是哪一个国家哪所学校毕业的博士？"梁启超回答："他不是博士，也不是硕士。"曹又问："那么，他是否有著作呢？"梁答道："也没有著作。"曹说："既不是博士，又没有著作，这就难了！"梁启超闻之大为生气，遂答道："我梁某也没有博士学位，著作算是等身了，但总共还不如陈先生寥寥数百字有价值。好吧，你不请，就让他在国外吧！"接着，梁启超介绍了柏林大学、巴黎大学几位教授对陈寅恪的推誉，曹云祥听后立即决定聘请陈寅恪。

一代学界泰斗，却没有学位文凭，这便是陈寅恪的特立独行之气质。"士之读书治学，盖将以脱心志于俗谛之桎梏。"只求学问，不受学位的影响，由此也可以看出陈寅恪读书的最终目的，是为了独立之精神，自由之思想，这也是北大人所信奉的精神理念，只追求精神上的高度，不在乎虚无的形式。其实，只专注于知识、学问，不在意学位，在当时的社会背景下，很少有学者能做到这点。也正是因为这样的思想理念，让他能够静下心来潜心钻研，摆脱世俗的羁绊，完成了《隋唐制度渊源略论稿》《唐代政治史述论稿》《元白诗笺证稿》《金明馆丛稿》《柳如是别传》《寒柳堂记梦》等著作，为中国学术界做出了巨大贡献。也正因为如此，他也才能在眼疾加剧，几近失明的状况下，坚持做学问、研究。

1962 年，陈寅恪的右腿骨折，胡乔木前往看望，很是关心他的文集出版情况。陈寅恪对此说："盖棺有期，出版无日。"胡乔木笑着答道："出版有期，盖棺尚早。"于是，在助手的帮助下，陈寅恪便把《隋唐制度渊源论稿》《唐代政治史述论稿》《元白诗笺证稿》以外的旧文，编为《寒柳堂集》《金明馆丛稿》，并写有专著《柳如是传》，最后撰《寒柳堂记梦》。他的助手黄萱曾感慨地说："寅师以失明的晚年，不惮辛苦、经之营之，钩稽沉隐，以成此稿（《柳如是别传》）。其坚毅之精神，真有惊天地、泣鬼神的气概。"

陈寅恪先生的这种为知识勇于献身的精神，值得我们当下的每个知识分子学习。当一个学者能时时刻刻将学问、研究放在人生的第一位，不谋功利，不谋地位，不受世俗羁绊时，那么，他便距大师的位置不远了。

当一个人潜心专注于学问，完没脱去了世俗的羁绊，那么无论做什么，都很容易做出成绩来。科学家巴斯德说："机遇只偏爱那些有准备的头脑。"而一心向学，脱离了世俗羁绊的头脑便是时刻为人类的新发现做准备的头脑。同样是水壶，普通人烧出来的是开水，而瓦特却烧出了蒸汽机；同样是手被草叶子拉破了，普通人只会想到埋怨草的无情和自己的粗心，而鲁班却为此发明了锯；同样是看到苹果从树上掉下来，果农见了只感到心疼，而牛顿却因此发现了万有引力定律。造成这种差别的根本原因是什么？答案只有一个：因为瓦特、鲁班、牛顿将学习学问当成他们生命的一部分，这样那些自然界的微弱刺激便更能激起他们灵感的火花。由此可见，严谨治学的第一要素就是要摆脱世俗的各种羁绊，这是成就人生大目标的基础。

第 16 章

细心：做一个有思维力的人

勤学、细心也是北大人所信奉的精神气质之一。其实，在我们周围随处可以看到做事马马虎虎的人，我们常称他们为"差不多先生"，因为他们的口头禅里经常少不了貌似、好似、将近、大约、可能等词汇。一个不关注细节的人是难以塑造出良好的气质的，更难成为一个成功的人。

1. 细心是一种素质，一种修养

一个人，尤其是男人，如果没有气度，光有细心，那是顶级糟糕的人；一个人有气度但是没有细心，很容易变成一个做不成事情的人。

——俞敏洪

在北大，几乎所有的学生都被要求成为一个细心的人，他们必须要具备缜密的思维能力，能够发现他人很少关注的细节问题。正是在这样严格的学习环境中，北大才会涌现出如此多优秀的学者和企业家。

老子说："天下难事，必作于易；天下大事，必作于细。"在北大人看来，细心是一种素质，一种修养，更是一种习惯。一个细心的人，外在的表现就是谨慎、缜密、专业和完美，这样的人做起事来会一丝不苟，那种刻苦钻研的精神，会令人心生敬佩，为此，这样的人也是一个有气质的人。

杰克·韦尔奇说："每一件看似简单的小事情，都能够反映出落实这件小事情的人的态度和责任心。对于工作中的每一件小事情，只有那些心中有着高度责任感和抱有正确态度的人才能够做好，才能够让工作产生更好的效益。"的确，细心是一种责任心，更是一种生活态度。

曾获得过日本年度企业家奖的梅原胜彦，其从 1970 年到现在始终在做一个小玩意儿——弹簧夹头，是自动车床中夹住切削对象使其一边旋转一边切削的一个小部件。梅原胜彦的公司叫"A—one 精密"，它位于东京西部，2003 年在大阪证券交易所上市，上市时连老板在内仅有13 个人，但是公司每天平均就有 500 件订货，拥有着 1.3 万家国外客户，它的超硬弹簧夹头在日本市场上的占有率高达 60％。A—one 精密一直保持着不低于 35％的毛利润率，平均毛利润率 41.5％。

梅原胜彦经营企业这么多年，他一直秉承着一条信念：不做当不了第一的东西。他常说："豪华的总经理办公室根本不会带来多大的利润，呆坐在豪华办公室里的人没有资格当老总。"有一次，一批人来到 A－one 精密公司参观学习，有位大企业的干部问："你们是在哪里做成品检验的呢？"他的回答是："我们根本没有时间做这些。"对方执拗地追问道："不可能，你们肯定是在哪里做了的，希望能让我看看。"最后发现，很多日本公司真的没有成品检验的流程，就是说，一些日本公司对产品的专注精神，已经使他们的产品精确到根本不用检验。

一生只专注于研制弹簧夹头，真正沉下心来将它做深做透，使其产品精确到根本不用检验，这种沉下心来钻研本业的精神，正是当下我们多数人所缺乏的一种精神。

一件再小的事情，只要用心，端正态度，就能将其做到极致。丰田汽车社长认为，其公司最为艰巨的工作不是汽车的研发和技术创新，而是生产流程中一根绳索的摆放要不高不矮，不偏不歪，而且要确保每位技术工人在操作这根绳索时都无任何偏差。其实，在如今的社会中，任何一个领域，其技术或管理都已经相当成熟，而我们要想走得更高更远，其关键就在于对细节的关注和秉持，这也是现当代社会决定一个单位、一个企业或公司，甚至是个人立足和成败的关键所在，也是一个人责任心和生活态度的体现，更是一个人气质修炼的关键。

北大人深知："一个不注意小事情的人，永远不会成就大事业。"所以，几乎所有的北大人都被要求成为一个细心的人，他们必须要具备缜密的思维能力，能够发现他人很少关注的细节问题。在他们看来，一个人要做到细心，一定要做到以下的几点：

（1）首先要集中精力，重视眼前，重视当下所从事的工作和事务，把手上第一件事处理圆满。

（2）需要排除干扰，稳定情绪，要真正做到细心谨慎，必然是要处理好自身的各种心理困惑，保持一颗平静的心。做一个细心的人，关键还在于赋予自己以责任，切实用心，任何事情，都是事在人为，同样一件事，敢负责任，用心良苦，就可能成就一项杰作。

（3）最后，还要培养兴趣，人尽其才。一旦自己对于某件事情有了兴趣，常能乐此不疲，流连忘返，也就能潜心钻研，细心考虑。

（4）根据眼下的情况去预测结果。俗话说："人无远虑，必有近忧"，只是纠结于当下的事物之中，就没有办法对未来做出周密的计划，也没办法预测出事情的发展方向和程度。只看到眼前的表象不去思索是不明智的做法，因为现在的一切都是暂时的，未来的走向你还是一无所知。当未来成为现实的时候，你可能就会陷入困境，难以自拔。倘若能够以现在之因导出明日之果，生活就会变得更加从容，你的驾驭能力就会慢慢地强大起来。

（5）学会审时度势。一个有气质的人还有一个特点，就是会审时度势，能够根据现在的情况预测未来事情的走向，进而制定出最完善的计划，也就是我们说的随机应变。想想做事一点灵气也没有的人，怎么会有气质呢？

不要觉得这些都是天生的，其实，审时度势也是能够培养的。细心观察这个世界，努力看清别人的想法，这些都是培养你能力的小细节，同时也是让你更加有气质的法宝。

2. 多思考事物之间的因果关系

我们生活中有很多人对身边的事情总是处在一种"虽然看见了却什么也没留意到"的状态里，还有的人是"不仅看见了还做出了思考并付出了行动"。

——俞敏洪

北大人认为：我们的生活无不存在着千丝万缕的联系，每件事情的发生都不是偶然的，都有着必然的联系。正所谓"无风不起浪"，再细小的水花也是微风拂过引起的，而所有的事情都会对其他事物产生影响，事情不是悄无声息地就过去了，它必然会留下一些"痕迹"。细心的人总是能够见微知著，通过观察和分析推断出事物之间的那层隐藏的关系，能够搞清楚事情之间的来龙去脉，清楚事情的因果关系，一旦将大局了然于胸，就能够运筹帷幄，怎么会有失算的可能呢？

其实，因果定律就像牛顿万有引力一样在现实生活中是普遍存在的，自然界中的草长莺飞、春华秋实皆是因果定律运行的结果，当你审视自身时，会发现情感、事业、家庭、人际关系等生活各方面所得的"果"，都是自己过去种下的"因"决定的，你人生的峰回路转、柳暗花明也都和因果定律有关。

如果你拥有一份足以让自己引以为傲的事业，显然是自己努力打拼的结果；如果你拥有一份美好的爱情或是一个美满的家庭，显然是你懂得珍惜和经营的结果；如果你朋友众多、人缘极佳，是因为你本身具有吸引人的特质和魅力。反之，如果你情感事业双双失意，生活潦倒不堪，多半是因为你为自己的人生播下了不良的种子，以致它不能生根、发芽，更谈不上开出芬芳的花朵，结出累累的硕果了。总之，任何事情的发生都是有原因的，而不是一种偶然，即便是偶然的事件也带有一定的必然性。

拿破仑·希尔有一次到一所大学演讲，婉言拒绝了 100 美元的酬劳，理由是他在演讲中收获的东西要远远多过应得的酬金。校长为此非常感动，曾经动情地对自己的学生说："我在这所学校工作了整整二十年，曾有很多人应邀到我们学校发表演讲，但头一次碰到有人拒绝酬劳的情况。他声称能跟年轻人分享人生经验是一件很愉快的事，自己从演讲中也收益良多，因此坚决拒绝收取任何报酬。那个人是一家杂志的总编，我希望你们多多阅读他的杂志，因为他身上所具有的美德是你们从任何一本书上都学不到的，而这种美德和品质却是应该具备的，也是你们走向社会后最为不可或缺的东西。"

这所大学的学生于是纷纷订购拿破仑·希尔主编的《希尔的黄金定律》。杂志的销量瞬间猛增，杂志社在很短的时间内就获得了6000美元的订阅费，此后又从该校直接或间接受益50000多美元。

拿破仑·希尔的成功并非偶然，因果定律告诉我们，命运不会特别眷顾谁，也不会轻易遗弃谁，任何偶然的收获都是我们播种的结果。人生就像一本存折，点滴的努力、小小的善举都是存折上面的正资产，日积月累，将会形成一笔无形的财富。爱默生说："因与果，手段与目的，种子与果实，全是不可分割的，因为果早就酝酿在因中，目的存在于手段之前，果实则包含在种子中……"只有倾心付出，你才能获得丰厚的回报。

明白事物之间的发展关系，是让我们明白什么该做，什么不该做，什么做了之后是需要付出代价的。这也是一个思考的过程，明白了这些，一个人才算是真正地成长了，气质的养成也不在话下了。

3. 人的豁达源于对规律的了然

偏见使人满足于一知半解，在自满自足中过日子，看不到自己的无知。利欲使人顾虑重重，盲从社会上流行的意见，看不到事物的真相。这正是许多大人的可悲之处。

——周国平

学习知识的根本目的是为了了然事物之间的规律，这是北大人所信奉的学习理念之一。在北大人看来，一个人只有对自然、人生之道了然，才能真正地实现内心的豁达。关于此，老子也有相类似的观点，《道德经·第十六章》中讲道："万物并作，吾以观复。夫物芸芸，各复归其根。归根曰静，静曰复命。复命曰常，知常曰明。不知常，妄作凶。知常，容。容乃公，公乃全，全乃天，天乃道，道乃久，没身不殆。"大意为：万物都一齐蓬勃生长，我从而考察其循环往复的道理。那万物芸芸，最终都将各自返回它们的本根。返回到本根就达到了清净安宁，它们在清静安宁中又复归于生命。（循环）复归于生命就是自然的永恒规律，认识了这种永恒的自然规律就叫作聪明，不认识这种自然规律而轻妄举动，就会导致灾凶。认识自然规律的人是包容博大的，包容博大就会坦然公正，坦然公正就能周备齐全，周备齐全才能符合自然的"道"，符合自然的道才能长生长存，终生不会遭到危险。这段话向我们阐述了一个道理，万事万物都有其规律，认识了这种永恒规律的人是聪明的，是包容和豁达的。也就是说，一个人要想拥有豁达的心胸，包容通达的智慧，就要看通自然真理、人生真谛，这样才能平和地面对生活中的一切。这与我们平时所说的"看得透想得开"是同样的道理。

对于当下的我们来说，要变得豁达，就要学会从生活的细节中看通生与死的自然规律，看透人生真谛等。比如从一片落叶中，你要领悟生老病死是自然万物的规律，我们只有淡然地接纳才能体悟生命的真谛。正如老子所说，"物壮则老，老则不道"是指一个东西壮大到极点，自然要衰老，老了表示生命要结束，而预示另一个新的生命就要开始了。用通俗的话来说，真正的生命不在于现象上的生死，而在于灵魂和精神上的存在意义。所以，我们要看透生死，将生死看成一个自然的过程，一切顺应自然，不苛求，重生乐生，这样才能变得豁达，不会被后天的感情所扰乱了。

著名国学大师南怀瑾是一个看透生死的人。他有一位好朋友，因为年纪大了，生病住进了医院。突然有一天，对方打电话给他说，自己可能马上要离开人世了，望能最后见一面。南怀瑾就急切地赶到医院，见到这位朋友。朋友说道："这几年受你的影响，对生死看淡了。不过，有一件事情我还是放心不下，死后是土葬还是火葬，我还有几万块钱可以打理丧事！"

一听这话，南怀瑾有些恼火。告诉朋友说："你学佛几十年，写了那么多的书与文章，应该悟道了，怎么临了还想不通呢？佛说一火能烧三世业，你死了之后只剩下几根骨头，还装个棺材回家乡埋葬，为何不将这些钱用来做一些善事呢？当然选择火葬了！"

朋友勉强地点了点头，但是后来还是交代要土葬，把剩余的钱全部用掉。

事后，南怀瑾就大为感叹，认为这个朋友看不透生死，连最痛快的死都不愿意。对于生死，他的态度是"生则重生，死则安死"。就是说，我们活着的时候要健健康康地活着，死亡的时候就要痛痛快快地死。一个人在生的时候，要珍视生命的每一天，快快乐乐地活着。到死的时候，既不麻烦自己，也不拖累他人，痛痛快快地死去，这是人生最难求得的幸福。

其实，生活中如南怀瑾朋友一样看不透生死，对死亡存在恐惧的人有很多，他们生的时候不懂得好好地珍视生命，被过多的忧虑和痛苦所缠绕，而死的时候也不愿意痛快地死，带着种种的忧虑，如何能活得健康，活得潇洒呢！

另外，关于人生真谛的问题，也是多数人所困惑的问题。其实，生命的真谛在于过程，一个人从婴儿呱呱坠地开始，生命就直指着终点——死亡，不会回头，毫无例外。终点毫无意义，而关键在生的期间，我们要赋予它怎样的内容。就如老子所说："夫物芸芸，各复归其根……复命曰常，知常曰明。"就宇宙而言，从一无所有的朦胧状态变为有形有象的明晰世界，又由有形有象的明晰世界回归到无形无象的朦胧状态；在有形有象的明晰世界中，由一种东西变成另一种东西，又由另一种东西变成了第三种东西，如此而已，永无止境。而人生只不过是这一大流变中的一个瞬间。人生人死只是一种物的转化，故生不足喜，死不足悲。同时，生命的乐趣也绝不在于不断地奔跑，而在于享受多彩的过程。每天清晨出来呼吸一下新鲜的空气，给自己泡一杯清茶，听一曲优美的曲子，抑或是在休息的时候给朋友送去自己亲手做的糕点，或者是陪着父母一同坐在电视机前说一些琐碎的家常等，这些过程都让生命变得精彩而有意义。所以，生活中，我们切勿太过注重结果，而忘记了享受过程的精彩。

4. 将小事做细，将细事做透

做大事者要从小事做起。

——俞敏洪

北大企业家俞敏洪认为，大事业往往都是从小事情一步一步做起来的，没有做小事打下牢固的基础，大事业是难以一步登天的。生活中，那些会做事的人，一般都具备以下三个特点：一是愿意从小事做起，知道做小事是成大事的必经之路；二是胸中有目标，知道把所做的小事积累起来最终的结果是什么；三是有一种精神，能够为了将来的目标自始至终把小事做好。在谈及他做新东方的心得时，他这样说道：任何一件伟大的东西，你分到日常的每一天去做，那是很小的事情，甚至是很无聊的事情。但是你得认识到，日复一日地，你背着书包去上课；日复一日地，你处理新东方内部员工琐碎的事情，这些东西是需要你有强大的现实主义精神才能做成的。我特别喜欢把一件具体的事情做得又完整又好，这是新东方成功的最基本的保证。可见，要想成就非凡，就要有从小事做起的决心，并能从小事中成就非凡，这是北大人所信奉的成功经验，也是他们的精神气质。

一个下午，天空中猛然间乌云密布，瞬间下起了倾盆大雨，行人纷纷进入就近的店铺躲雨。一位老妇蹒跚地走进费城百货商店避雨，面对她略显狼狈的姿容和简朴的装束，所有的售货员对她都显得不耐烦，甚至视而不见。

一会儿，一个年轻人走到老妇人在前，诚恳地说："夫人，我能为您做点什么？"老妇人莞尔一笑："不用了，我在这儿避避雨，马上就走。"不久，老妇人显得有些心神不定，不买人家的东西，却在人家的屋檐下避雨，似乎有些不好意思，于是，她开始在百货店里逛起来，哪怕是买个头发上的小饰物呢，也算是给自己找个心安理得的避雨的理由。

正在她犹豫不决，不知道该买什么东西的时候，那个小伙子又走了过来说："夫人，您不必为难，我给您搬了把椅子，放在门口，您完全可以坐在这里休息。"两个小时后，雨过天晴，老妇人向那个年轻人道谢，并向他要了张名片，慢慢地走出了百货商店。

几个月过去了，费城百货商店公司的总经理詹姆斯收到一封信，信中指名要求将这位年轻人派往苏格兰收取一份装潢整幢城堡的订单，并让他负责家族所属的几个大公司下一季度办公用品的采购订单。詹姆斯感到非常惊喜，匆匆一算，这一封信所带来的利益相当于他们公司两年的总利润！

他迅速地与写信人取得联系，这才知道，这封信出自那位几个月前曾在费城百货商店躲雨的老妇人之手，而那个老妇人，正是美国的亿万富翁、"钢铁大王"卡耐基的母亲。

百货商店的经理詹姆斯马上把这位叫菲利的年轻人推荐到公司董事会上。毫无疑问，当菲利打起行装飞往苏格兰时，他已经成为这家百货公司的合伙人了，那一年，菲利才 22 岁。在后来的几年中，菲利以他一贯的忠实和诚恳，成为"钢铁大王"卡耐基的左膀右臂，事业扶摇直上、飞黄腾达，成为美国钢铁行业仅次于卡耐基的富可敌国的重量级人物。

由此可见，并不一定要做出一番惊天动地的大事才能有所成就，从小事做起，将小事做细，将细事做透，你便具备了优秀者的品质，机会光顾于你只是迟早的事。

诚然，做到细节未必就能令人获得机会，但是，不关注细节，注定不会获得如此机会。习惯收获性格，性格收获成功。正所谓：莫以恶小而为之，莫以善小而不为。一个人的品性与其成功密不可分，只有将细节做好，才能成就辉煌的人生。

能将小事做细，将细事做透的人，往往是认真的人，这样的人，在工作中能生产出最优秀的产品；也只有认真的人，才能做出最为卓越的业绩。

要说对细节的严谨，德国人是出了名的，做事认真似乎是这个民族的习惯。

有个笑话说，如果在大街上丢失 10 元钱，英国人会毫不慌张，顶多耸耸肩膀像什么事也没发生一样；而美国人则会很快喊来警察，报案之后会留下电话，之后便会嚼着口香糖扬长而去；日本人则会痛恨自己的粗心大意，回到家中会反复地自我检讨；而德国人则会立即在遗失地点的100平方米内，画上坐标和方格，一格格地用放大镜仔细地寻找。也许就是因为这种精益求精的严谨的精神，德国人才造得出奔驰、宝马这样的世界名牌产品。

注重细节是一种积累，也是一种智慧，是一种长期的准备。在工作和生活中，如果我们关注了细节，就可以获得一些机遇，为将来的成功奠定基础。

细节显示差异，细节决定成败。在这个追求完美的时代，细节不仅能反映出一个人的专业水准，还且还能显出一个人内在的素质。

有一个女孩，她相貌平平，在一所极普通的中专学校读书，成绩也一般。她到一家合资公司去应聘，外方的经理看她的材料，没有表情地拒绝了。女孩收回了自己的材料，站起来准备走，突然觉得自己的手被扎了一下，看了看手掌，上面沁出一颗血珠。原来是凳子上一个钉子露出在外面。她见桌子上有一块镇纸石，便拿过来用劲把小钉子压了下去，然后微微一笑，说声再见转身离去。几分钟后，那家公司的经理派人在楼下追上了她，她破格地被那家公司录用了。

是什么改变了她的人生？压钉子只是小之又小的事，但细节决定了她的成败。正因为把握住了一个细节，无意中为她创造了一个机会。这就告诉人们，有时机会就在你手里，并不需要你刻意去做什么，决定命运的往往是一些小事。决定小事的就是教养、人格和胸襟等，有了这些，你才能轻易地把握细节，把握住机遇，人生才会精彩、辉煌。

第 17 章

北大人独有的精神气质：铁肩担道义的人性光芒

　　"红楼飞雪，一时英杰，先哲曾书写，爱国进步民主科学"，一首在北大学子中传唱极广的《燕园情》，唱出了北大人的情怀，也把"五四情结"深深刻在我们的心中。北京大学是"新文化运动"的中心和"五四运动"的策源地。从那时起，对"德先生赛先生"的热切呼唤，就让北大精神与国家命运交融在一起，积淀了深厚的人文价值底色；那种肩负民族道义的担当，人性中最朴实无华的光芒，也成为北大的一种强有力的精神支柱和独有的精神气质，让每个学子都终身受益，让每个国人都心生崇敬。

1. 独立自尊，保持人性的尊严

不降志，不屈身，不追赶时髦，也不回避危险。

——胡适

一个人独特的气质需要独立人格和内在思想的滋养。但何为独立人格？何为自由思想？有人说是"君子和而不同"，有人说是"贫贱不能移，富贵不能淫，威武不能屈"，有人说是："三军可夺帅，匹夫不可夺志也。"北大人说任何时候都不降低自己的志向，不屈身，不逐流俗，不因怯懦而逃避本该面对的事情就是独立人格、自由思想的体现，也就是说做人要自尊、不卑不亢，不虚与委蛇，光明磊落，正直不阿。北大教授饶毅在给毕业生致辞时曾说："过去、现在、将来，能够完全知道个人行为和思想的只有自己"，"希望你们以后保持住人性尊严"，"在你们加入社会后看到各种离奇现象，知道自己更多弱点和缺陷，可能还遇到大灾小难后，如何在诱惑和艰难中保持人性的尊严、赢得自己的尊重并非易事，但却很值得"，以深沉的感喟和殷切的期许，表达了对北大学子的祝愿和期望。

独立自尊、保持人性尊严对于维护健康人格是至关重要的，一个人一旦丧失志向、卑躬屈膝，跨越了人性尊严的底线，自尊就会瞬间坍塌，人生观、世界观也会随之扭曲，从而走上自取其辱、自我毁灭的道路。所以任何时候我们都要守住心底的那根红线，确保自己是一个独立、自尊的人，如此才能挺起脊梁，堂堂正正、光明磊落地傲立于人世间，这是一个人良好气质养成的前提。

梁启超是戊戌变法的先驱人物，也是我国著名的文学家、史学家、思想家、教育家，他在多个领域都取得了很高的造诣，其文章和思想启迪着一代又一代国人，被誉为"言论界的骄子"。然而最为世人所津津乐道的不是他的成就，而是他的人格魅力。

梁启超不仅是个大学问家，而且是个谦谦君子，一生以救国为志，无论面临怎样的压力都不改初衷，体现出一个知识分子的高尚理想和爱国情操。他曾与康有为志同道合，有着深厚的师生情谊，后来因反对康有为的保皇主张而与其分道扬镳。他曾经对袁世凯抱有幻想，当他看清袁世凯的复辟阴谋后，毅然走上了讨袁反袁的道路，面对袁世凯的威逼利诱，他丝毫不为所动，毅然决然地拒绝了 20 万元的重金收买。他曾经追随过孙中山，但是思想主张与孙中山和而不同。

无论是面对老师、领袖还是权倾一时的大人物，梁启超始终保持着自己的独立意志，不理会世俗的责难。他心怀坦荡、光明磊落，回顾自己的人生历程，曾坦言说道："这绝不是什么意气之争，或争权夺利的问题，而是我的中心思想和一贯主张决定的。我的中心思想是什么呢？就是爱国。我的一贯主张是什么呢？就是救国。"

保持独立精神，坚持自己的道路，途中可能会遇到各种阻挠，然而只要能坚守原则，用良知和信念作为自己的指南，即使背负千钧的压力，也能挺直不屈的脊梁；哪怕前路雾气茫茫，也能找到人生的方向。不要被一时的泥泞和艰难吓倒，不要在诱惑中沉沦，而要像鸟儿爱惜羽毛那样爱惜自己的灵魂，如此你才能笑傲苍穹，拥有坦荡无悔的人生。

2. 内在的"德"，决定外在的"得"

> 人活世上，第一重要的还是做人，懂得自爱自尊，使自己有一颗坦荡又充实的灵魂，足以承受得住命运的打击，也配得上命运的赐予。倘能这样，也就算得上做命运的主人了。
>
> ——周国平

古人云："大学之道，在明明德，在亲民，在止于至善。"这告诉我们学校的使命是立德树人，多年来，北大始终以这样的理念为教学宗旨。北大原校长王恩哥曾指出，无论什么时代，立德修身始终是齐家、治国、平天下的基础。只有个人的德行修养立得住，才能推己及人。其实，在我们的身边，就有许许多多立德笃行的北大人。医学部教授彭瑞骢先生，从医 70 多年，始终坚持"无德不成医"，甘受清贫、惠及百姓；哲学系汤一介先生以耄耋之年潜心编纂《儒藏》，守正笃实，久久为功；以爱心社为代表的学生社团，举起志愿服务的大旗，让爱的暖流澎湃不息。他们的坚守与奉献，于时代波澜中留下了北大人默默担当的身影，释放出北大人浓郁深沉的家国情怀。这是一张张弥足珍贵的北大价值名片，也是北大令世人为之敬佩的精神气质。

气质是岁月的积淀，人格的蓄养。一个无德之人，即便外表现光鲜，能力再强，也难以支撑起内在的气质。相反，一个有德之人，即便外表再丑陋、贫寒，也能让其人性焕发出光芒，令人心生敬仰之情。

有位哲人曾说："世界上有两种东西最能震撼人们的心灵——内心里崇高的美德，头顶上灿烂的星空。"内心里崇高的美德，让人在前进的道路上不会迷失方向，让人在生活的逆境中坚守信念；灿烂的星空使人在黑夜中看到光明，让人心中燃起希望。没有了星空，我们会失去太多的想象，失去太多的梦想；没有了美德，我们则会失去立身之本，失去在社会上存在的能力。

一位先生有一群学生，学生们都很好学，但因为大多都是富家官宦子弟，个个都比较好强，经常提些如何做大官、如何取厚禄的问题。每次面对询问，先生都笑而不语，告诉学生们安心读书，好好学习，学生们很不理解，问："先生，您教我们读书，难道不是为了让我们过得更好，拥有更多的钱财、得到更高的官位吗？为何每日只教些仁义道德的空话，不教我们做官、求财的实用知识呢？"先生听了学生的话，皱皱眉头，对他们说："好吧，明天我就教你们求官、求财的学问。"

第二天，学生们早早地来到书院，看到院子中摆满了大大小小的篮子，他们被告知，今日要去果林中摘果子。学生们都很疑惑，平时先生要求严格，每日要求他们诵读诗经，昨天说好了要教升官发财的学问的，为何要去摘果子呢？但整日学习，出去放松一下也不错，于是学生们拿起篮子来到果园中。

先生早已在此等候多时了，看到学生们到来后，他说："今天摘果子并不是为了娱乐放松，而是一场测试，看看你们谁更有能力。你们可以去摘果子了，尽量在正午前摘到最多的果子。"

园子中的果子很多，学生们的篮子很快就摘满了，还未到正午就回到了先生身边。先生指着一个篮子最大的学生说："现在你们看到谁最会获得了吗？"其他学生纷纷抱怨说："先生，他摘得多并不是因为能力，而是因为篮子大而已。"先生笑着说："是啊，就是因为篮子大，所以我才会说他最会摘果子。"

看到学生们都不了解，先生接着说："你们平时常常问如何做官，如何发财，其实这和摘果子是一个道理，摘果子摘多少，不在于摘得有多快，有多好，而在于他的篮子有多大。一个人能做多大官、能发多大财，往往也不在于他做官、发财多么有窍门，而是在于他能承受多大的官，多大的财。我平时教你们的仁义道德，就是这个篮子啊！只有人生的篮子大了，你才能走得更高、拥有更多！"学生们这时才恍然大悟，原来先生每日教他们的仁义道德的学问，就是一切的根本，没有"德"哪来的"得"，于是，他们从此跟着先生学知识，修德行，最后都成了有作为的人。

一个人所具有的美德决定着他能站在多高的颁奖台上；一个人所具有的美德决定着他一生能走多远，飞多高；一个人所具有的美德决定着他一生成败的心灵力量。我们在生活中都希望多"得"，却不知道"得"并不是由别人给你的，而是你自己的"德"来决定的。只有有德的人，才能充分发挥他的才能；只有有德的人，才能成为组织中的正能量；只有有德的人，才能与他人和谐相处，成功地融入集体之中。"德"与"得"是相辅相成、息息相关的。人生中，对"德"的修炼，就是对"得"的获取，小德小得，大德大得。如果说人生就是一座大楼的话，那么"德"便是这大楼的地基，"得"便是大楼的高度，"德"是否牢固，决定"得"能达到的极限。如果"德"不稳，而盲目地追求"得"，只能导致大楼的早早崩溃。

3. 坚守道义，是为了尽心安命

无论时代怎样发展变化，北京大学都要高擎精神旗帜，把立德树人作为根本任务……让"勤奋、严谨、求实、创新"的学风更纯正，让"思想自由，兼容并包"的胸怀更博大，让"常为新"的奋斗精神和创新意识更鲜明，应是我们在大变革时代不变的坚守、积极的开拓。

——王恩哥

北大人认为：幸福是人生追求的终极目标，人生无论忙碌也好、悠闲也罢，最终都是为了让心灵获得幸福感。而安详自得是幸福的首要前提，也就是说，一个人要获得幸福，心灵上首先该是安详自得的。但是，人如何才能活得安详自得呢？孟子给了我们答案。

《孟子·告子下》中有这样一段精彩的对话：

孟子对宋勾践说："你好游说吗？我告诉你游说的道理：别人理解，也安详自得；别人不理解，也安详自得。"

宋勾践问："如何才能安详自得呢？"

孟子说："尊崇道德，喜爱仁义，就可以安详自得了，所以士人穷困时不丧失仁义，显达时不背离正道。穷困时不失去仁义，所以安详自得；显达时不背离正道，所以不失望于百姓。古代的人，得志时，恩惠施于百姓；不得志时，修养自身以显现于世。穷困时独善其身，显达时兼济天下。"在孟子看来，一个人要想获得安详自得的悠闲状态，首先要坚守道义，不能为了做成事而违背道义。对于游说这件事来说，君子希望游说能成功，但不会用谎言去欺骗他人，不会用违背道义的小利去诱惑他人；他人听从我的游说我感到高兴，他人不听从我，我也不会感

207

到怨恨，所以孔子周游列国，大道不行而不气馁，不哀怨。对于做官来说，能够为官弘道，就做，如果为了做官而要伤害道义，就离开；无论在位还是离开，君子都泰然自若，所以陶渊明能够不为五斗米折腰，洒然离去。

为此，只要安于天命，遵守道义，时时处于内心安宁的状态，又怎么会不安详自得呢？为此，儒家代表孔子也说："君子坦荡荡，小人长戚戚。"范仲淹言："不以物喜，不以己悲。"安命之时也要尽心，君子要在不背离道义的基础上，不断进取，承担起唤醒民众、惠利人民的历史使命，穷窘时能够独善其身，不为非作歹，不乱惹是非，显达之时能够兼济天下，报国惠民，这样的人如何不能获得幸福呢。

北宋著名文学家苏东坡曾因为"乌台诗案"入狱，随时处于被斩首的危险中。一年后，皇帝为试探他是否有意谋反，是否有悔改，就特意派一个太监装成犯人的模样入狱，和苏东坡同在一个监牢。白天吃饭时，小太监用言语挑逗他，苏轼牢饭吃得津津有味，答说："任凭天公雷闪，我心岿然不动！"每当夜幕来临，他能倒头就睡，小太监又撩拨道："苏学士睡这等床，岂不可叹！"苏轼不予理会，用鼾声回答。小太监在第二天一大早就推醒他说："恭喜大人，你被赦免了。"要知道，那一夜可是危险至极啊！只要苏轼晚上有不能安睡的异样举动，太监就有权照谕旨当下处死他！

苏东坡时刻能坚守道义，因为内心坦荡，自认为无愧于天地良心，所以吃得下、睡得香，无论在何种境况下都能安详自得。宋神宗思量，一个心中有愧的人是不可能做到倒头就睡的。而苏轼也不会想到，坦然安睡竟然救了自己的性命。

康有为说：人为一己之私所束缚，被外物颠倒役使，成天患得患失，是最大的痛苦。现实生活中，凡是不守道义，做了亏心的事，干了缺德的勾当，只会使自己每天都提心吊胆，饭也吃不香，觉也睡不安稳，这样的人，即便是得到一切，表面上看上去风光、气派，内心是难以获得坦荡无畏、安详自得的感受的。所以，遵守道义从根本上来说是为了尽心安命，上无愧于天地，下无愧于人世，无怨无悔，无仇无恨，无非分之想，无难消之痛；如大山矗立，风雨不动，如深潭之静，波澜不惊；让自己活得心安理得，内心获得踏实、坦荡、安详、自得，而一个人良好的气质恰恰就源于此。心安是幸福的至境，心安的人吃饭香，不一定要山珍海味，心安的人睡得甜，用不着金屋龙床，即便面对人生的苦难，也不会对生命有半分的折磨。可以说，遵守道义，便是真正的幸福，也是对生命最大的尊重和安慰。

4. 在大义面前，要勇于舍弃个人小义

在看得见的行为之外，还有一种看不见的东西，依我之见，那是比做事和交人更重要的，是人生第一重要的东西，这就是做人。当然，实际上做人并不是做事和交人之外的一个独立的行为，而是蕴涵在两者之中的，是透过做事和交人体现出来的一种总体的生活态度。

——周国平

北大人认为：真正的大仁大义，就是在民族大义面前，能勇于舍弃个人小义。北大校长蔡元培先生曾经说："德育实为完全人格之本。若无德，则虽体魄、智力发达，适足助纣为恶，无益也。"他发起成立了北京大学进德会，倡导北大师生明大德、守公德、严私德。"君子务本，本立而道生"，在今天这个全球化浪潮汹涌而来、各种思潮相互碰撞的变革时代，坚守核心价值观就是"务本"，在国家民族大义面前，勇于

舍弃个人小义，将自己的人生事业充分地融入国家发展与人类文明进步的洪流中，这就是最大的"道"，这也是北大人一直秉承的精神气质。

在《孟子·离娄下》中，孟子说过这样一句话："非礼之礼，非义之义，大人弗为。"意思是说，不符合大礼的小规范，不符合大义的小信用，有德君子不会去坚持。在这里，孟子是告诉我们，当组织大义与个人小义发生冲突时，真正有德行的君子应该舍弃后者而取前者。的确，物有大小，事有轻重，人们常常说"舍车保帅""舍小取大"，道义也是如此，当大义与个人小义发生冲突时，人应该清楚地分辨孰大孰小，孰轻孰重。不符合大礼的小礼，不符合大义的小义，君子不会死板地固守着。所以，孔子说"君子贞而不谅"，有子说"信近于义，言可复也；恭近于礼，远耻辱也"，子夏说"大德不逾闲，小德出入可也"。

1941年12月，日本侵占中国香港的那一天，留居香港的梅兰芳开始蓄起胡须，没过几天，浓黑的小胡子就挂在了唱旦角的艺术家脸上。他年幼的儿子梅绍武好奇地问："爸爸，你怎么不刮胡子了？"

梅兰芳慈祥地回答儿子："我留了胡子，日本人还能强迫我演戏吗？"

不久，他回到上海，住在梅花诗屋，闭门谢客，拒绝为日本人演戏。他时常在书房里的台灯下作画，年复一年仅靠卖画和典当度日，生活日渐窘迫。上海的几家戏院老板见他生活如此困难，争先邀请他出来演戏，却被他婉言谢绝。

有一天，汪伪政府的大头目褚民谊突然闯入梅兰芳家里，要他作为团队率领剧团赴南京、长春和东京进行巡回演出。

梅兰芳用手指了指自己的脸，沉着地说道："我已经上了年纪，很长时间没有吊嗓子了，早已经退出了舞台。"

褚民谊阴险地笑道："小胡子可以刮掉嘛，嗓子吊吊也会恢复的。

哈哈哈……"笑声未落，只听梅兰芳一阵讥讽的话语："我听说您一向喜欢玩票，大花脸唱得很不错。您作为团长率领剧团去慰问，岂不是比我强得多吗？何必非我不可！"褚民谊听到这里，顿时敛住笑脸，脸上红一阵白一阵，支吾了两句，狼狈地离开了。

梅兰芳一身傲骨，不畏强权，为了坚守民族大义，宁可舍弃心爱的艺术，十分可敬。

在民族大义和个人小义面前，梅兰芳勇于舍弃个人得失而守大义，可谓是个有气节的、令人尊敬的艺术家。舍小义而守大义，主要是指在大义面前，即便是违背个人利益也要去坚守的，只有心胸宽广，眼界非凡的人才能表现出的一种大无畏的行为。

南北朝时，齐武帝萧赜永明三年（485 年）十二月，富阳顽民唐寓之用妖术惑众作乱，攻陷富阳。萧赜随即派遣禁兵数千人讨伐唐寓之，一战而胜，平定叛乱。但禁军乘胜一路抢劫，百姓怨声载道，又呈"土崩"之势。萧赜闻报，逮捕禁军先锋、将军陈天福，腰斩于市；免除禁军主将刘明彻官职，逮捕入狱治罪。陈天福乃萧赜爱将，战功显赫，既以扰民伏法，朝廷内外，军队上下，无不震肃畏惧，面貌一新。接着，萧赜又指派通事舍人刘季宗到前线巡视慰问，遍至富阳各县，赦免被驱逼而作乱的百姓，赈济因军人抢劫而破败的数万民家，结果迅速安定了民心，消除了一场即将爆发的民变。

萧赜固然宠爱陈天福，这是小义；但人心向背事关国家存亡，这是大义。他弃小义而存大义，算得上明君了。

北大人认为：义气很多时候是一把双刃剑，在正义的轨道上演绎的是义气，是纯美的操守；而脱离大义的狭隘义气，则是人生的悲哀。义有大义和小义之分，大义乃国家民族利益，小义则是友情亲情。大义永远高于小义，当二者发生矛盾或冲突时，舍弃小义而遵守大义，才是义者的正确选择。

5. 做顶天立地的大丈夫

"凿井者，起于三寸之坎，以就万仞之深"，一开始就扣好人生的扣子，筑造共同守望的心灵家园，就能让北大精神焕发新的光彩，闪耀在无比璀璨的道德星空。

——王恩哥

北大人一直崇尚"大丈夫"的德行修养，它也是北大人一直秉承的修身理念和精神气质。什么是"大丈夫"精神？《孟子·滕文公》中有这样一段话："居天下之广居，立天下之正位，行天下之大道；得志，与民由之；不得志，独行其道。富贵不能淫，贫贱不能移，威武不能屈，此之谓大丈夫。"意思是说，居住在天下最宽广的宅子里，站在天下最正确的位置上，走在天下最光明的大道上。得志的时候，便与老百姓一同前进；不得志的时候，便独自坚持自己的原则，富贵不能使其骄奢淫逸，贫贱不能使他改移节操，威武不能使他意志屈服，这样才叫作大丈夫。在孟子看来，一个人能否成为大丈夫，关键要看其内在的德行，他所说的大丈夫的标准，真乃千古不易的真理！当文天祥面对死神，潇洒写下"人生自古谁无死，留取丹心照汗青"；谭嗣同即将被押赴刑场，铮铮气骨不改，写下"我自横刀向天笑，去留肝胆两昆仑"；就连一向柔婉的女词人李清照在诗词里也钦佩项羽的气骨："至今思项羽，不肯过江东。"无论何时再读这些诗词，胸腔中总有一股豪迈在汹涌，气冲云霄，令人激动不已。

年轻时，司马迁为继承父亲的遗志，计划写一部全面记述中国历史的"史书"。在他进行了长达20年的知识积累后，开始写一部自古至今的历史巨著。这时，李陵事件发生了。当时朝廷专管刑法的廷尉杜周，为了迎合和讨好当朝皇帝，竟然给无辜的司马迁判了"腐刑"。按照当时的汉朝法律，被判了刑的犯人是可以用钱来赎罪的，但是司马家世代为史官，根本拿不出来赎金，因此他只能屈辱地受刑。

遭受如此的酷刑，是人生的奇耻大辱。正直清高的司马迁本来已经没有勇气再活下去了，但是，自己用一生的精力搜罗的材料，以及成"一家之言"的理想还没有实现，难道一切都要撒手不管了吗？他不甘心！

经过了无数个日夜的痛苦煎熬，他终于豁然开朗——周文王被纣王关在牢笼里写出了《周易》；孔夫子周游列国，四处碰壁而发奋改编了《春秋》；屈原遭人排挤诬陷，流放他乡，却写出了名著《离骚》；孔膑遭朋友庞涓陷害，被砍掉了两个膝盖骨，他还能忍辱负重，写出了《兵法》。中国历史上的这些伟人给了司马迁莫大的鼓舞，他决心抛弃个人的悲痛与屈辱，效法这些古人，完成自己的宏愿。司马迁出狱后，汉武帝又让他当了中书令。他以巨大的毅力忍受着朝廷投来的鄙夷的嘲讽的目光，经过了十数载坚忍不拔的艰苦努力，终于完成了空前的历史巨著《史记》。

在遭受奇耻大辱的情况下，还能够坚守自己的信念，终成"一家之言"而青史留名，这可谓是真正的大丈夫。

古人常言："大丈夫者，胸怀大志，腹有良策，包藏宇宙之机，吞吐天地之志，创不世之基业，立不世之奇功。"这才是真正的大丈夫，但其标准之高，也让当今之人望而却步。其实修大丈夫之道是从生活中开始，这是一种内在的修养，是一种气质。

黄宗羲的《宋元学案》说得好："大丈夫行事，论是非，不论利害；论顺逆，不论成败；论万世，不论一生。"真正的大丈夫能做到以"仁义"为先，是一个注重道义的人，讲究的是要有骨、有气，要挺起胸膛，正直无私，具有顶天立地的骨气。正是：玉可碎，而不可以改其坚；兰可移，而不可以减其馨。此乃真正的顶天立地大丈夫是也！

6. 养一身浩然正气

今天的新中国必以新民主主义革命为其造端，而新民主主义革命则肇启于五四运动。但若没有当时的北京大学，就不会有"五四运动"出现。

——梁漱溟

北大人一直崇尚儒家所倡导的"内圣外王"的修身原则。对此修身原则，孟子在其著作《孟子·公孙丑上》中有这样一段对话：

公孙丑说："请问先生您长于哪一方面呢？"

孟子说："我善于辨别不同的言论，我善于涵养自己的浩然之气。"

公孙丑说："请问什么叫作浩然之气呢？"

孟子说："这很难说得清楚。这种气，极端浩大，极端刚正，用正直去培养它而不加以伤害，就会充满天地之间。这种气必须配合于道义，否则就会疲乏无力。只有时时符合仁义道德才能具有浩然之气，偶尔符合道义的行为不能获取它。一旦行为问心有愧，这种气就会缺乏力量了。"何谓孟子所说的浩然之气呢？其实就是至大至刚的昂扬正气，是以天下为己任、担当道义、无所畏惧的勇气，是君子挺立于天地之间的光明磊落之气，这三气构成了浩然之气。这种浩然之气体现着一种伟大的人格精神之美，更是一种让人为之钦佩的精神气质。

对此，北大人认为：一个人若是有了浩然之气的精神力量，面对外界一切巨大的诱惑也好，威胁也罢，都能够处变不惊、镇定自若，达到"不动心"的境界，也就是能达到孟子所说过的富贵不能淫，贫贱不能移，威武不能屈的高尚的情操。

秦末的项羽为楚国下相人。年轻时与刘邦上山伐木，二人看见秦始皇头顶华盖，随从的队伍浩浩荡荡，男女随从无数。刘邦长叹："大丈夫当如是。"而项羽则顿生豪气："吾当取而代之！"由此可见项羽的霸气。项羽一生多征战，先是破釜沉舟，击破巨鹿三秦（章邯、董翳、司马欣）；后又刺杀怀王，逼走刘邦，自立为"西楚霸王"，然后大封诸侯。楚霸王四年，刘邦与霸王项羽以鸿沟为界，东归楚，西归汉议和。同年，项羽返彭城时遭受齐王韩信追杀垓下，韩信以"十面埋伏"之计包围楚兵。项羽高唱："力拔山兮气盖世，时不利兮骓不逝。骓不逝兮可奈何，虞兮虞兮奈若何。"歌毕自刎于乌江边。

项羽不是笑到最后的那个人，但是虽败犹荣。这首《垓下曲》气壮山河，势吞万里，体现了项羽的卓绝超群，气盖一世。面对四面楚歌的惨败结局，一种英雄末路的感慨油然而生，让人备感苍凉。当年，他从江东率八千人起兵，所向无敌，威震天下，如今兵败如山倒，到最后只剩下二十八骑相随。面对失败，"不肯过江东"的项羽当然只剩死路一条，面对虞姬也只能"奈若何"了。此篇为千古绝唱，而项羽的故事一听就令人豪气顿生，让人感到一种强大的力量。

英雄大气象于此可得精髓之一二，我们后辈不用征战沙场，但至少应该拿出点气魄来吧。

天汉元年，汉武帝为了向匈奴表示友好，便委派苏武率领一百多人出使匈奴，持旄节护送扣留在汉的匈奴使者回国，顺便送给单于很丰厚的礼物，以答谢单于。不料，就在苏武完成了出使任务，准备返回自己的国家时，匈奴上层发生了内乱，苏武一行受到牵连，被扣留下来，并被要求背叛汉朝，臣服单于。

最初，单于派卫律向苏武游说，许以丰厚的俸禄和高官，苏武严词拒绝了。匈奴见劝说没有用，就决定用酷刑。当时正值严冬，天上下着鹅毛大雪。单于命人把苏武关进一个露天的大地窖，断绝提供食品和水，希望这样可以改变苏武的信念。但是，时间一天天过去，苏武在地窖里受尽了折磨。渴了，他就吃一把雪，饿了，就嚼身上穿的羊皮袄，冷了，就缩在角落里用皮袄取暖。过了好些天，单于见濒临死亡的苏武仍然没有屈服的表示，只好把苏武放出来了。单于知道无论软的，还是硬的，劝说苏武投降都没有希望，但越发敬重苏武的气节，不忍心杀苏武，又不想让他返回自己的国家，于是决定把苏武流放到西伯利亚的贝加尔湖一带，让他去牧羊。临行前，单于召见苏武说："既然你不投降，那我就让你去放羊，什么时候这些羊生了羊羔，我就让你回到中原去。"

与他的同伴分开后，苏武被流放到了人迹罕至的贝加尔湖边。他发现这些羊全是公羊。在这里，单凭个人的能力是无论如何也逃不掉的。唯一与苏武做伴的，是那根代表汉朝的节杖和一小群羊。苏武每天拿着这根节杖放羊，心想总有一天能够拿着回到自己的国家。渴了，他就吃一把雪，饿了，就挖野鼠收集的野果充饥，冷了，就与羊取暖；这样日复一日，年复一年，节杖上挂着的旄牛尾装饰物都掉光了，苏武的头发和胡须也都变花白了。在苏武受尽了百般的折磨后，终于找到了归国的机会。

当年，苏武出使的时候，才四十岁。在匈奴受了十九年的折磨，胡须、头发全白了。回到长安的那天，长安的人民都出来迎接他。他们瞧见白胡须、白头发的苏武手里拿着光杆子的旄节，没有一个不受感动的，说他真是个有气节的大丈夫。

苏武的举动，就是一种浩然正气，它感天动地，每当提及都会让人为之动容。一身正气的民族英雄文天祥在《正气歌》中写道："天地有正气，杂然赋流形。下则为河岳，上则为日星。于人曰浩然，沛乎塞苍冥。……"意思是说，浩然正气寄寓于宇宙间各种不断变化的形体之中。在大自然，便是构成日、月、星辰、高山大河的元气；在人间社会，天下太平、政治清明时，便表现为祥和之气，而在国家、民族处于危难关头时，便表现为仁人志士刚正不阿、宁死不屈的气节。可以说，浩然正气是维系社会长存，是道义产生的根本。

浩然正气是人的精神"脊梁"，是抵御歪风邪气的"屏障"。正气长存，则邪气却步、阴霾不侵；正气长存，则清风浩荡，乾坤朗朗。要保持浩然正气，就必须"一日三省吾身"，做到自重、自警、自励，时时处处以激浊扬清、弘扬正气为己任，使正气日盛，邪气渐消，引领整个社会不断走向正义和文明，这才是君子之道，也是一个存良知者该有的精神气质。

第 18 章
独立的个性，打造属于自己独特的气质

北大人认为：气质并不是什么成功人士所独有的，而是属于每个人的。也就是说，生活中，每个人都该有属于自己的独特的气质。一个人独特的气质源于其内在独特的个性，源于做独一无二的真我。所以要打造属于自己的专属气质，那就学着接纳自我，并真实地做独一无二的真我吧。

1. 只做第一个"我"，不做第二个"谁"

气质的养成，首先应该从自我认知开始，发现真我魅力。

——叶舟

北大校长蔡元培先生说过这样一句话："知教育者，与其守成法，毋宁尚自然；与其求划一，毋宁展个性。"可见，在教育方面，蔡元培先生是注重学生的个性发展的。其实，气质是一个人从内到外的一种人格魅力，即区别于他人的一种个性。一般来说，鲜明的、独特的个性很容易给人以深刻的印象，而平淡的个性则极难给人留下什么印象。一个人只有拥有独特的个性，才能塑造出有魅力的气质。

这个世界存在着长相雷同的双胞胎，却无法找到两个性格完全一样的人。人们厌倦了眼里太多的相似，于是个性化年代悄然而至。个性表现魅力，有特殊的个性，才有异常动人的气质魅力。而个性源于做独一无二的自己，保持自我的真诚、自然，不做作，努力争取"只做第一个'我'，不做第二个'谁'"。

世界的美丽是因为由千万个独一无二的生命组成。生命是独特的，自己的美也是独一无二的，为此，我们完全不用套用他人的模式，展露出属于自己的独特的美，便能焕发出迷人的气质来。

可可·香奈儿，是时尚界赫赫有名的魅力之星，也是时装界让女性都感到骄傲的女人。她的美丽和成功，无不与她坚持做独一无二的自己相关。

可可·香奈儿是在孤儿院长大的孩子。她的一个情人在她二十一岁的时候，支持她开设了可可·香奈儿的第一家帽子店，从此便拉开了她绚丽的人生序幕。当时的可可·香奈儿是个迷人的女性，不仅长相漂亮，而且独立，有事业、有思想，让众多男士倾倒，可她从来都是坚持自我，坚持自己的追求，坚持自己的生活目标和理想，从没有因任何一个男人而放纵过自己，成为商界为数不多的"强女人"。

她的坚强和果断体现了她十足的个性，她曾经热恋的伯爵另有新欢，而且准备结婚。在伯爵结婚的当天，可可·香奈儿平静地说："世上有很多伯爵夫人，可可·香奈儿却只有一个。"她用伯爵送她的钻石及伯爵带给她的上流社会关系，开拓她自己的时尚事业，最终取得了成功。

由此可见，女人的风采都源于自己独特个性，正如香奈尔所说，"可可·香奈儿只有一个。"十足的个性成就了独一无二的她，也成就了她独特的气质和魅力。所以，要做有魅力的人，就要坚持"只做第一个'我'，不做第二个'谁'"，努力做自己。

生活中，很多人的情感胜过理智，对待友情、事业以及婚姻皆是如此，所以多数人，尤其是女人都容易人云亦云，很难坚持自己的个性，这是阻碍一个人发展的致命的弱点。也因为如此，社会上那些能坚持自我，坚持做自己的人极为难得。

一位在深圳的打工妹，在其他打工仔打工妹纷纷陷入都市的浮躁与繁华之中迷失自己的时候，她依然保持着清纯的农家女本色。在她的宿舍里，其他女孩几乎都交上了男朋友，只有她尚是"单身贵族"。

有人问她原因，她说，因为我的根不在这里。我出来只是想挣点钱，一些寄给家里，一些留着给自己置办嫁妆。我今后当然要找男朋友，但我会回家找个本分的男人，像我的这些姐妹，有的不甘心在流水线上做蓝领，绞尽脑汁去通过嫁人改变命运，这样能永远幸福吗？而我则只想靠自己努力工作挣钱，然后回家过上平静的日子……

无疑，这种能时刻站在现实的根基上清醒审视自己的有主见的女人，不失为最可爱的人。

北大人认为，一个人要保持持久的个性魅力，塑造独特气质，就要勇于保持自我本色，做独一无二的自己。世界上的每个人都是独一无二的，我们想要生活得快乐幸福，最为重要的就是保持自我本色，无须依照别人的眼光和标准来评判或者约束自己。正如一位哲人所说："以自己的本色活着是对生命的最大尊重，这既是一种追求亦是一种生命的美好姿态。"所以，我们要懂得自己才是自己的主人，为自己而活，自尊、自强、自爱，这样的生活才有价值，其周身也才会散发出迷人的芬芳。

2. 客观看待自己，别因外在的虚名而迷失自我

名次和荣誉，就像天上的云，不能躺进去，躺进去就跌下来了。名次和荣誉其实是道美丽的风景，只能欣赏。

——俞敏洪

荣誉和光环能在很大程度上改变对自我的评价，所以勋章、声名、奖杯、鲜花才会成为那么多人竞相追逐的目标。不可否认，人人都渴望被关注被认同，得到他人的赞赏、崇拜和接纳能极大地增强自身的存在感，这是作为一种社会动物与生俱来的一种心理需求。但是过多地沉溺于虚名就是一种病态，很多人为了争名逐利而劳碌一生，梦醒之后才发现一切不过是虚幻的泡沫，所谓的浮生若梦大概就是这种感觉吧。

过分追逐虚名会让人忽略真正有价值的东西，为虚名所累则会使人变得盲目，走上错误的人生轨迹。北大中文系教授陈平原就曾经告诫学生，选专业和择业要充分考虑自身的情况，尊重自己的志趣，珍视自身

的才华，千万不能被虚名所累。他劝诫广大学生切忌盲目追求所谓的热门专业，而要根据自己的兴趣和能力选择专业，学生不能把专业当成日后博得虚名和光环的砝码，毕业之后最好也不要把自己的未来赌在虚无缥缈的"毕业生薪水排行榜"上。

北大教授的建议是非常值得我们深思的，其实我们想要实现自我的价值，获得良好的自我感觉，应该尊重自己的内心，忠于自己的理想，而不是耗费心机地去追求让别人羡慕对自己却毫无意义的东西。创新工场董事长李开复曾经质问过自己："脱去虚名与成就，你的人生还剩下什么？"你是否也问过自己除了追求虚名和成就，还追求过什么？光鲜亮丽的外表、好听的头衔，一大堆溢美之词，难道就是你真心想要的吗？如果答案是否定的，那么你就需要重新调整人生的方向了。

梁志康是个年轻有为的成功人士，他毕业于名牌大学，有着出国深造镀金的背景，经过辛苦打拼成就了一番事业，还多次荣登商业杂志的封面，一时间成为人们交口称赞的重量级人物。梁志康陶醉在镁光灯制造的光环里，渐渐迷失了自我，变得越来越傲慢。他看不起辛苦工作、工资微薄的同学，认为这些人不体面，慢慢地和大部分同学及好友都断绝了往来。

梁志康素来自我感觉良好，不但懂得用名表名车包装自己，还多次在电视上发表演讲，推销自己的创业梦想，力图把自己塑造成一个成功企业家的形象。可惜好景不长，他的公司在经营管理上出现了问题，后来又陷入了财务危机，苦苦支撑了半年以后公司还是破产了。梁志康瞬间从云端跌到了谷底，那些赞美过他的杂志纷纷对他进行口诛笔伐，说他如何狂妄自大，不懂商业之道等等，那些崇拜过他的人也开始对他指手画脚、品头论足，他一边慨叹世态炎凉，一边懊悔，生平第一次开始思考人生的意义。

梁志康终于明白虚名不过是一个看似美丽的迷梦而已，为它疏远了朋友、冷淡了家人，忽略了一切值得珍视的东西，把自己置入一个四面楚歌的境地是多么不值得。梦醒以后，他重新审视了自己，并有了新的人生规划，他决定以后一定要抛开虚名的羁绊，让自己的人生变得丰盈、充实而有意义。

虚名只是一个脆弱的肥皂泡，它虽然在阳光的照射下散发着五彩斑斓的色彩，但只需轻轻一触，就会化为乌有。把虚名等同于人生的全部意义，把虚名当作衡量自我的最高标准，是一件可怕而危险的事情，因为你时刻都面临着巨大风险。只有抛开虚名的负累，你才能拥有更加五彩缤纷的人生，活出属于自己的精彩，打造属于自己的独特的气质。

3. 第一时间接纳真实的自己

生命最重要的目的就是接纳自我，并让自我开花。

——俞敏洪

打造属于自己独特的个性气质，就要做真实的自己，而要做真实的自我，就要学着"悦纳自我"。要知道，每个人都是独立的个体，假如你不喜欢一个人，可以选择不接纳他，可是如果你对自己感到不满意，那么是否也能将真实的"自己"拒之门外呢？事实上，无论你怎么看待自己，都必须无条件地在第一时间接纳自我，如果你做不到，就会陷入自我认同危机。在心理学上，自我认同是指客观理智地看待并接受自己。自我认同感比较高的人通常精力充沛、个性活跃、乐观积极、热爱生活，自尊心能得到充分满足，而且能在奋斗的过程中体验到自我价值的存在。而陷入自我认同危机的人，不敢面对真实的自己，甚至会自我诋毁、自我憎恨，觉得人生就像一场噩梦。

北大人给人的固有印象一贯是谦逊而严谨的，他们无论是投身于学术研究还是供职于创新产业，都显得那么睿智成熟、沉稳干练，显然他们的自我认同感是很高的。可是并不是每一个北大人天生就具有较高的自我认同感，进入国内顶尖名校学习也不是他们自我认同感普遍较高的根本原因。四年的校园生活，北大学生同样有过彷徨和纠结，也有过自我怀疑的挣扎岁月，好在北大精神一直陪伴着他们砥砺前行，使他们由青涩走向成熟，由游移走向坚定，不但学会了与外界相处，更学会了如何正视自己的内心，与自己和平相处，这才是北大给予学生们最为宝贵的精神财富。

沈星憎恨自己性格无趣、能力平庸，他整天幻想着自己成了公司里的中流砥柱，行事雷厉风行，做事风风火火，效率极高，赢得了老板和上司一致的夸赞，展现出卓越的办事能力。他还幻想着自己谈吐幽默，一开口就能把在场的所有人逗笑，成为人人喜欢的开心果。可真实的沈星只是办公室里一个毫不起眼的小职员，没有人特别留意他，上司和老板也不重视他，大家聚在一起开玩笑的时候，他就像个局外人。

沈星是个比较内向的人，因为沉默寡言，常常被忽略，他本以为自己已经习惯了当透明人，可是当同事聚会把他忘记时，就仿佛有无数钢针刺进了他的心底。他期望着凭借出色的工作能力引起别人的注意，可悲的是他并没有那样的才干，工作能力也不突出，为此他恨透了自己。每当站在镜子面前审视自己的时候，他的心情都无比复杂，他会跟镜子里的自己对话，冷言冷语地嘲弄自己，有时甚至会情绪失控，蹲在地上抽泣起来。

沈星日复一日地折磨自己，简直把自己视为最大的仇敌，他越来越消瘦，越来越没精打采，工作频频出错，最后被公司解雇了。从此他长期把自己锁在房间里不肯出门，他不必再费尽心机地想着如何与他人相处了，而今每天他都在和自己的影子相伴；可悲的是他并不知道如何与自己共处，因为在这个世界上他最痛恨的人就是他自己。

自我认同感低是基于三种原因：一是对自己要求太高，因达不到理想的状态而产生耻辱感；二是对自己的缺点耿耿于怀，无法悦纳真实的自我；三是活在别人的眼光中，因为不被外界接纳和喜欢而自我憎恨。要想提升自我认同感，与自己和平共处，找回内心的平和与宁静，必须无条件地接纳真实的自己。无论你是否喜欢自己，都要试着和自己做朋友而不是敌人，消除对自己的敌意，消除所有的怨气，不再自我折磨，是实现自我认同的最为关键的一步。

4. 气质源于内在：追求"秀外"必先"慧中"

上帝制造人类的时候就把我们制造成不完美的，我们一辈子努力的过程就是使自己变得更加完美的过程，我们的一切美德都来自于克服自身缺点的奋斗。

——俞敏洪

曾在北大任教的冯友兰先生指出：气质是一个人内在力量的展现。也就是说，一个人的气质并非一朝一夕养成的，它是一种由内而外散发的精神素质。它不是时髦、不是漂亮，也不是金钱所能代表的生活方式，它常常是一种纯粹的细节所衬托出来的点点滴滴。有些人，容貌与打扮都不俗，但总无法谈得上有气质。气质是能力、知识、情感、生活的一种综合外在表现，来自丰富的深厚的信仰与底蕴，是着急不得、模仿不来的。气质的培养需要一种环境，更需要磨炼，气质之树只有扎根在文化、人格的沃土中才可以枝繁叶茂。可见，要塑造属于自己的良好气质，一定别庸俗地追求外在的装扮，而是先要去用知识、文化、智慧填补自己内在空乏的灵魂。

生活中，有的人因为长相平庸或者身材不好而伤透了脑筋，于是费尽心思地通过各种化妆品和服饰搭配来掩饰缺陷，却一再忽略了加强自身的内在修养。一个人过分注重外表会导致自我感觉变差，人们会对自己的某个缺陷，比如眼睛太小、个子太矮等而耿耿于怀，以至于整天想着如何去掩饰缺陷，甚至会采用整容的手段来修正自己的相貌。无论容颜俊美自我迷恋的人，还是因为长相而深感自卑的人，都极有可能因过分追求外貌而变得肤浅浮躁，导致自我迷失。

在北大，人们不以外表来评价自己和其他事物。北大学府是朴实厚重的，也许它并没有什么气派奢华的建筑群，也没有什么地标级的标志，但它所承载的人文底蕴却不是哪个大学都可以与之相比的。北大人同样是质朴无华的，北大的学子外表朴素、性格平易近人，眉宇间透出一股浓浓的书卷气，乍一看起来这些天之骄子和其他学府的学生并没有什么明显的区别；可是深入了解以后，你会发现他们有着深刻的思想和广博的学识，那种内在沉淀的儒雅气质绝不是外表的魅力可比拟的。北大人普遍对自我评价很高，因为他们明白一个人的心胸、气魄和人格魅力比外表重要，所以不会过分关注难以更改的相貌，而是把更多的精力放在了提升自身的内在涵养上。

徐小雅脸上长满了雀斑，照镜子的时候，她觉得自己的青春完全毁了，人生将不再拥有亮色了。为了祛斑，她试遍了无数化妆品，可是效果却一点也不明显。由于心情不好，徐小雅经常无缘无故地朝别人发火，有时候讲出的话简直不堪入耳，同事纷纷对她避之唯恐不及，朋友也都渐渐疏远了她。

徐小雅本来已经对未来不抱什么希望了，没想到一次偶然的际遇，她竟然被某时尚杂志的主编发现了，主编热情地邀请她商谈给杂志代言事宜。她简直不敢相信自己的耳朵，精心打扮一番后就欢欢喜喜地赴约与主编见面了。她觉得她已经通过化妆技术把雀斑处理得很淡了，所以自信心也提升了不少。

孰料面谈以后，主编再也没有主动联系过她，难道是主编发现了她脸上的雀斑，不想让她代言了？她满怀疑惑地拨通了主编的电话，主编告诉她雀斑只是小事情，它是可以通过化妆和 PS 技术弥补的，关键在于他们是办高端杂志的，希望代言人是一个优雅、时尚、有内涵的人，通过与她的谈话，觉得她并不符合这些条件，所以只好另觅他人了。徐小雅仔细回顾了一下，想起自己在不慎泼洒咖啡时脱口而出说了句脏话，而且在谈话过程中，并没有提出什么有思想有内涵的观点，这也许就是她被淘汰的原因吧。以前她把所有的时间都花费在修饰外表上，看来徒有其表并不能使人更具竞争力，内外兼修才是王道。

再美的容颜也终有老去的一天，美貌并不是永恒的，而内在品质和气质却可以长青。有的人认为高档时装和名贵香水会让自己看起来更有品位，再配上姣好的面容和迷人的微笑，自己就能变得魅力非凡。其实人的魅力是由内而外散发出来的，内在中空，外表即使修饰得再完美，也会给人以外强中干的感觉，更何况青春易老，风华难驻。美丽源自心灵，秀外慧中的人最美，但"慧中"比"秀外"更重要，追求"秀外"，必先"慧中"才行。唯有充实自己的精神内涵，我们才能获得更加良好的感觉，进而为自己增值，从而增强自尊心与自信心。

5. 走自己的路，绝不踩着别人的脚印前进

人人都在写自己的历史，但这历史缺乏细心的读者。我们没有工夫读自己的历史，即使读，也是读得何其草率。

——周国平

卢梭说："上帝把你造出来后，就把那个属于你的特定的模子打碎了，意思是你是独一无二的存在，没有人可以成为你，你也不可能成为任何人。"可在现实生活中，人们总是盲目地按照别人的模样塑造自己，就像长相不如意的人总想按照明星的样子整容一样。事实上提升自己、改造自己，不等于把别人的一切全部移植到自己身上，这样大刀阔斧的改造势必会失败，因为它从实施之初就是一个完全错误的计划。

很多人喜欢研究名人传记，花费大量的时间来阅读偶像的历史；却从来不肯花心思回过头来阅读自己的历史；期望有朝一日能实现脱胎换骨的改变，完全成为自己心目中的偶像，可是却没有意识到即便自己变得面目全非，也无法实现这个愿望；即便实现了这个愿望，所能拥有的也不是一个崭新的自我，而是一个失去了独特灵魂和思想的摆设。

北大学者周国平说："有时候我想：一个人一辈子永远是自己，那也是够单调乏味的。"因而人们期待改变，可是"一个角色，唯独不是他自己。如果一个人总是按照别人的意见生活，没有自己的独立思考，总是为外在的事务忙碌，没有自己的内心生活，那么，说他不是他自己就一点儿也没有冤枉他。因为确确实实，从他的头脑到他的心灵，你在其中已经找不到丝毫真正属于他自己的东西了，他只是别人的一个影子和事务的一架机器罢了"。因此我们不要期待着摇身一变成为云端的某

个偶像，而要努力成为更好的自己，通过今昔对比，不断超越自我、提升自我、完善自我，在蜕变和成长中实现重塑自我的过程，而这一过程也正是塑造自我气质的过程。

林翔从小就崇拜李嘉诚，立志成为像李嘉诚那样的成功人士。长大之后，成为李嘉诚就成了他一生奋斗的目标。他研读了不同版本的李嘉诚传记，对李嘉诚的语录倒背如流，耗费了大量精力解读李嘉诚的传奇一生，并制定了一系列把自己打造成第二个李嘉诚的计划。

朋友对林翔的狂热感到不理解，他说："我觉得现在的你挺好的，你为什么总想把自己改造成李嘉诚呢？"林翔说："我对现在的自己感到一点也不满意，我想成为更优秀的人，比如像李嘉诚那样的人。我不能忍受平庸的自己。"朋友说："你想超越平庸，变得更优秀，并不一定非要成为李嘉诚啊？"林翔不理会朋友的说法，每天仍然想着如何把自己改造成心目中最崇拜的偶像。

他开始尝试着创业，可一连几次都遭遇了惨败。每次在总结经验教训时，他都会从李嘉诚传记中寻找答案，心想自己一定是因为缺少李嘉诚身上的某种品质，才最终失败的，于是致力于补充属于李嘉诚的品质，继续努力创业。但结果依旧不尽如人意，他失败得更加彻底，遭遇了更大的打击，于是他放缓了创业的步伐，花费了更多的时间了解李嘉诚。奋斗了大半生，他也没能成为李嘉诚，反而觉得自己越发失败。

事实上，别人的形象是不可复制的，别人的成功同样是不可复制的，与其奢望踏着别人行走的脚印书写传奇，不如通过不断地进步，书写自己的历史。想要成为更出色的人，就应该走自己的路，从自己身上寻找答案，只有解开自己身上的秘密，你才能克服自身的劣势和缺陷，成为更加优秀的自己。

第 19 章

谈吐：口吐莲花，才能气质儒雅

一个人良好的气质需要内在底蕴的支撑，而谈吐则是体现一个人内在底蕴的重要方面之一。谈吐不凡者能受到大多数人的欢迎，因为与他们交谈，心情会很愉悦。他们用优雅的声音娓娓道来，就像美妙的音乐一样，飘进耳朵，感动心灵，令人心驰神往。

北大人认为：无论在什么地方，优雅的谈吐都能体现出一个人高雅脱俗的气质和良好的修养，展现出一个人的魅力来。优雅的声音是一种能量，就好比磁场一般，不动声色地吸引着他人。只会打扮，不会提升内在涵养，提升个人说话能力的人，其魅力和气质定然不会太好。

1. 话出口前先思考：别让"舌头"超越你的思想

没有信仰的人是很可怕的，你可以不信，但请不要对你不了解的妄加评论，这是起码的修养！

——俞敏洪

塑造高人一筹的好气质，是很多人的梦想。而涵养是支撑一个人内在气质的主要因素，判断一个人是否有涵养，一个极为关键的因素就是其谈吐是否文雅。要做到谈吐文雅，就要求我们在说话时注意话题的选择、声调的控制、心态的平和，并懂得倾听。同时，最为重要的一点就是，别让你的"舌头"超越了你的思想。

北大人认为：话语是即时性的，所谓"覆水难收"。如果不经考虑就说出口，伤了他人，即使事后再进行苦口婆心的解释和致歉，也难以完全挽回影响，所以应避免因为一时冲动或大意而信口雌黄、出口伤人。一个有智慧的人绝不会让"舌头"超越其思想。一个人只有深思熟虑后，才能做到少说无用的话，说好有用的话，这样的人才能给人留下良好的印象，展现出良好的气质来。

曾有一位家庭主妇参观某科学试验室，刚进去，她便向周围的人发出提问："你们是用什么东西把玻璃擦得这么干净？"话一出口，便让众人瞠目结舌。可以想象，这样的一个无脑者，除了让人不齿外，还有什么气质可言呢？无论是什么话，没经过大脑出来的，都会是不受听的，也会在瞬间降低你的气质。

张媚是个漂亮时尚且温柔贤惠的女孩，至今与男友相恋三年了，两人到了谈婚谈嫁的时候了。但是，张媚的男友很是烦心，张媚的确是个不错的女孩，唯一让他苦恼的就是她口无遮拦，说话常不经过大脑的个性。

一次，男友将张媚带到家里见父母，男友的父母看到她很是高兴。当他们眉开眼笑地夸她时，她便很得意地取出带去的补品呈了上去，一边口中念念有词："叔叔，阿姨，这个每天早上和晚上各吃四粒。很好记的：早四粒晚四粒，早四（死）晚四（死），早晚要四（死）。"

男友看到爸妈一下子变了脸色，赶紧低声警告她说："哎，你怎么说话呢。"谁知道她却满不在乎，还大大咧咧地骂回来："你骂我，我吃亏，你妈是个大乌龟。"这是她平时骂男友的口头禅，居然在这个时候说出来了，让男友觉得不可思议。

男友的老妈也扛不住了，长叹一声："不是早晚要死，我看现在就立马气死了。"转身把自己关进了房间。张媚这才意识到自己说错话了，但是却无法改变她在未来"公婆"心目中的不良印象。他们的婚事也遭到了男友父母的反对。

张媚本没有坏心，但是男友的父母却不会因为这点而谅解她，只会因为口无遮拦而讨厌她。说话不经过大脑思考，就胡乱说话，这样极容易得罪人，也容易造成不必要的误会。所以，在任何情况下，我们说话之前要考虑一下场合、人员、对象、气氛，这样就能说一些符合当时情况的话语，才不至于造成误会，或影响和降低自己的形象气质。

文雅的谈吐是一种文化素养的积累，是知识的沉淀，是修养的体现。如果一个人只知道化妆、打扮，而不懂得让自己的言谈举止得体文雅，那么无异于"金玉其外，败絮其中"，会让人心生鄙夷。

美国艺术家安迪·沃霍尔曾经告诉他的朋友说："我自从学会闭上嘴巴后，获得了更多的威望和影响力。"这告诉我们，沉默能让人焕发出强大的气场，从根本上提升内在气质和影响力。所以，我们要提升气质，一定要先管好自己的舌头，别让它窜过自己的大脑。

一般来讲，血气只有在"三思"后才不会一时冲动，才能降低说出蠢话、危险话、不好听的话的概率。当然了，一句在适当时机、对适当对象所说的好话，是需要有日积月累的经验才能说出来的，但我们可以做到的是，话到嘴边留三分。当一种想法、一种认识初入我们大脑中时，先沉住气，冷静、客观和全面地去分析，因人、因地、因时地去考虑，这样才能把握好说什么样的话、怎么说，才是最合适的。

同时，在谈论他人时，则更要谨言慎行，不可因片面的观察就在背后妄评妄论。另外，人们在日常生活和工作中，往往容易在没有深入调查的情况下，就以固有的主观意识去猜测臆断，从而忽视了真相，误导了人们的视线。所以，在任何时候，在没有确切证据的情况下，一定要闭紧自己的嘴巴，以防降低自己的影响力和气质，甚至给自己招来不必要的祸端。

2. 别让"出口成脏"毁了你的形象

日常工作之外应当多注意自身修养的提高及自身技能的培训。

——俞敏洪

要提升个人修养，就要拒做"出口成脏"的庸俗者。生活中，那些张口脏话，闭口脏话的人，除了暂时释放了自我快感外，也给自己的脸上涂了一层黑黑的油，将他们本来长得不错的脸给遮住了，看到眼里只有那种令人作呕的黑，除了引来别人的侧目，招人厌恶和反感外，是不会有欣赏的眼光惠顾的。

要知道，中国古代就有"良言入耳三冬暖，恶语伤人六月寒"的说法，也就是说，当你的脏话从你的口中说出去的那一刻，它的威力不仅仅损害了对方的心理，同时也损害了自己的形象。一个文化素养严重缺失，没有内涵的人才会满嘴的脏话，那么自然，说脏话的人也就毫无魅力可言。

北大人认为：一个长相良好的人如果讲出粗话来，就像一件天鹅绒的晚礼服上被酒鬼吐了呕吐物一样，让人有种想要呕吐的感觉。所以，要做一个有修养的人，一定要远离不文明礼貌的话语。一句粗话有可能会让你的形象在顷刻间大打折扣，那么，你后面说出的话再漂亮、好听，都无济于事了。

陈默是一个外表青春靓丽，长相甜美的女孩子，因为自身的这个优势，博得了很多男孩子的竞相追逐，终于同样很受女生喜欢的泽熙追到了她。在外人看来，他们简直就是天造地设的一对。但是没过多久，很多人就发现了，陈默经常一个人走在放学的路上，满脸的忧郁，泽熙很少陪在她的身边，过了没到两个月，这场令人称羡的恋爱就以失败而告终。

当有的男生问泽熙怎么不好好珍惜陈默的时候，泽熙说了这样的话："陈默的确是一个外表很吸引人的女孩子，但是当你接触她，慢慢了解她，你就会受不了她。"好友凌霄问："难道她有公主脾气吗？这个也没什么，女孩子都会有一点。"泽熙痛苦地摇摇头说："就算她长相普通，就算她有公主脾气，我都能忍受，可是她居然是一个满嘴脏话的女孩，和她出去逛街，总感觉自己身边带了一个特别没有涵养的人，而且总能遭到大家异样的目光，我实在受不了她了。"凌霄也摇摇头说："可惜了那一副好皮囊啊！难怪她一直单身。"

优雅是一个人气质的终极体现。你可以想象，一个整天要么不说话，要么一张嘴就是脏话的人，吵起架来一副天不怕、地不怕的架势，如何能够让人心生怜悯，让人心生好感呢？这就和一块价值连城的美玉是一个道理，美玉外表无瑕，里面却经常散发出一些臭味来，如何不让人想作呕，又如何会让人喜欢呢？

所以，在生活中，也许你的谈吐不一定非常的高雅，但是却绝对不可以充满污言秽语，张口闭口就把老祖宗拿出来，抖搂一圈，或者三句话离不开父母亲。这样做不仅有损自己的形象，也会让别人认为自己的家教不严，父母没有把你教育好。

3. 想品尝"众星捧月"的感觉，那就学会幽默吧

幽默没有旁的，只是不伤及他人的智慧之刀的一晃。

——林语堂（北京大学教授，当代著名学者、文学家和语言学家）

作家王蒙说："幽默是一种酸、甜、苦、咸、辣混合的味道，它的味道似乎没有痛苦和狂欢强烈，但应该比痛苦和狂欢还耐嚼。"可见，幽默是一种耐人寻味的气质。谈吐幽默者，善于制造轻松愉快的氛围，他如同一条八面玲珑的小鱼，优雅迷人、人见人爱。美国著名大众心理学家特鲁·赫伯说过："幽默是一种最有趣、最有感染力、最具有普遍意义的传递艺术。"

可以想象，如果一个人才华横溢、相貌出众，但是却十分的严肃，完全不具备聪敏幽默，那么这个人就相当于一朵漂亮的鲜花，但是却没有芳香一样，有形而无神，那么看上去的感觉就差多了。幽默的人是智慧的，是那种即便经历了尴尬和挫折，仍然能够保持一份乐观、自信，绝不轻言失败的生活态度，这样的人，是积极向上的，也是富有感染力的，当然也是气质十足的。

　　懂得适时幽默的人，在社会交际中散发出独有的魅力，会让他人情不自禁地向他靠拢，也许没有华丽的外表，但是他能够运用幽默的语言，让自己成为众人的焦点。如果说你想品尝"众星捧月"的感觉，那就学会幽默吧，它是增强你吸引力的"神器"。"幽默属于乐观者"，一个心胸狭窄、思想颓废的人不会是幽默的，也不会有幽默感。所以，一个幽默的人必定是大度、开朗和乐观的人。可以说，一个人如果拥有了幽默的气质，便有了两方面的统一：天真的形式，理性的内容。因为形式是天真的，使它具有儿童般的情趣，可爱又可亲；内容是理性的，则又富有哲学意蕴，令人深思，意味隽永。

　　秦秋凤是寝室的寝室长，下班之后接到通知，明天主管要来员工宿舍检查卫生。为了让大家能够快速地打扫完寝室，她分配了任务，八位员工要平均分担，每个人都要做一些工作。本来这是无可厚非的，结果却没有想到有四位调皮的员工不同意，她们说："你们睡下铺的，消耗少，随便就能躺下来，而我们爬上铺的人却要爬上爬下，所以，睡下铺的你们应该分担更多搞卫生的任务。"

　　听到这句话，住在下铺的一些员工有些不愿意了，秦秋凤看到大家有不好的情绪产生，立马上去调侃说："睡在上铺的员工的这个意见可以考虑，那么住下铺的就扫地板，住上铺的就扫天花板吧。"话音刚落，睡在上铺的人很得意，而睡在下铺的人却不是很高兴。但是这时，秦秋凤继续补充说："但是我有一个疑问啊，你们能否考虑一下？"听到她的疑问，上铺的人都问她："什么疑问啊？"秦秋凤说："以后走路怎么办，是不是住下铺的就走地板，而你们住上铺的就要走天花板啊？"听到她的这句话，住上铺的同学羞红了脸，而下铺的人却开心地笑了。

　　幽默能够更好地解决尴尬，同时幽默也能体现出一个人的可爱。幽默的出发点一定要是善意的，不要语带讽刺，更不要以嘲弄别人为基本点。另外幽默的语言切莫庸俗、轻浮，这样只会起到相反的作用。幽默的魅力，仿若空谷幽兰，你看不到它盛开的样子，却能够闻到它清新淡雅的香味。幽默能够为一个人的魅力起到锦上添花的作用，气质良好的人一定都不会拒绝幽默的特质。美国著名作家拉布说："幽默是生活波涛中的救生圈。"一个幽默的人会如众星捧月般，将身边的朋友聚集起来，成为人人称赞的智者。

4. 话出口前，先加点"糖"

饱含情感的话语，才能暖人心灵。

——叶舟

一个人如果想要提升自我品位和气质，最关键的一点就是要懂得管好自己的嘴巴。一个话语凌厉，尖酸刻薄的人，因为身上缺了一种叫"亲和力"的特质，会遭人厌弃，这样的人是与良好气质无缘的。而一个内心和善，说话做事充满了亲和力的人，其举手投足间都能透出优雅的气质。当然，要让自己充满亲和力，最为有效的方法，就是话出口前，先加点"糖"，即说话先赞美，这样的说话方式，即便是批评对方，也很容易让人接受。

北大人认为：一句话出口前，你是它的主人，出口之后，它是你的主人。钉子可以从木板中拔出，说出去的话却无法收回。所以，养成话出口前先加"糖"的习惯，能让你受人欢迎，还能让你少惹麻烦。

《史记》里有一个《刘邦去秦宫》的故事：

刘邦大军攻入咸阳，看到豪华的宫殿、美貌的宫女和大量的珍宝异物，许多人便忘乎所以，昏昏然，以为可以尽享天下了。连刘邦也情不自禁，为秦宫里的一切倾倒，想留居宫中，安享富贵。武将樊哙冒死犯颜强谏，直斥刘邦"要做富家翁"，"是想得天下，还是想学秦王"？气得刘邦大发雷霆。

张良知道这件事后，规劝刘邦说："夫秦为无道，故沛公得至此。夫为天下除残贼，宜缟素为资。今始入秦，即安其乐，此所谓'助桀为虐'。且'忠言逆耳利于行，毒药苦口利于病'，愿沛公听樊哙言。"张良一席话，既没把樊哙之功据为己有，又把利害关系说得清楚明白，娓娓而谈，循循善诱，使刘邦幡然醒悟，重又率军驻扎到咸阳城外，揭开了楚汉相争的序幕。

要说樊哙和张良对刘邦讲的道理是一样的，都是治病良药，但是因为樊哙说得过于直白、刺耳，使刘邦感到"苦口"，不但没起到好的结果，还几乎招致杀身之祸。而张良则讲究语言的艺术，把批评的话讲得极为"甜口"，使刘邦欣然接受了他的建议，达到了规劝的目的。为此，生活中，我们也要掌握这种说话艺术，在建议性的话语开口前，一定要讲究方式，为提升你的影响力和气质加分。

刘岑是上海一家外企的高管，有一次她批评她的助理，这样说道："你今天的打扮很得体，妆也化得很精致，真是迷人极了。不过，如果你以后对待工作也能那么细心，不再总是出现错别字，那么，我相信你的文件一定会像你一样漂亮！"助理听罢后便心悦诚服地改正了错误，从此之后，文件极少出现错误。

其实，刘岑并没有直接用威严的方式去训斥助理的错误，相反，她以这样机智风趣的话语十分巧妙地指出了对方的缺点，既让助理觉得面子上过得去，同时又能心悦诚服地接受她的批评。这便是说出口前，先加"糖"的好处。

聪明的人都懂得，指出他人的问题，并不一定要以伤害对方的感情为基础。要知道，有效的批评是可以从赞扬开始的。而巧妙地暗示对方的错误，或者先批评自己再去批评他人，这些都是帮助别人改正错误或者问题的好方法，这样做既可以保住他人的面子，又能让他意识到自己的毛病，可谓是"两全其美"。

5. 赞美是提升气质的"神丹妙药"

一个伟大的领导总是善于鼓励、赞美、欣赏、培养别人，让他们高高兴兴地去生活、工作，同时也成就了他自己的事业。

——俞敏洪

在这个世界上，有什么样的灵丹妙药能够让一个人喜欢自己，有了这种药，只要一点点，其惊人的效力就让人颇为震惊？这种药应该是赞美。在交际场合，一个懂得赞美者该是智慧的，也该是大气的。北大人认为：赞美并不是一味地说好话，这种赞美只会让人觉得你在溜须拍马，只会降低自己的气质，没有任何的好处。所谓的赞美就是带有赞誉性、激励性的语言。他不仅能够满足人的听觉需求，更能够给人带来实际意义上的帮助。

一个懂得赞美的人，能够帮助他人去建立自尊心和自信心，因为赞美具有神奇的力量，有时候人的一句赞美能够改变一个人的一生。我们在与人交往的时候，适当地赞美别人是有礼貌、有教养的表现，不仅可以获得好人缘，而且还可以与对方在心理和情感上靠拢，缩短彼此间的距离。俗话说："良言入耳三冬暖，恶语出口六月寒。"我们想要长久保持自己的吸引力，就要不时给对方三两句赞美之语，这是你提升气质的绝佳处方。

佳颖和男友二陶一起去见他的朋友，在二陶的心里面，朋友如烟是一个特别大气、美丽的女孩子，经常听到男友夸奖这个女人如何的好，佳颖感到十分地不痛快，莫非这个女人真的有什么特别的地方，让人一见面就喜欢吗？

见面之前，佳颖特意打扮了一番，因为不想输给那个叫如烟的女人。看到女友打扮得很俏丽，二陶有些摸不着头脑。见面的那一刻，佳颖被眼前的这个女人震惊了，没有倾城的容貌，也没有像样的身材，到底哪里吸引人了呢？

见到佳颖，如烟就快步地走上去，眼睛里充满了光芒，说道："好漂亮啊，你好，很高兴认识你！"然后向佳颖伸出了手。听到如烟的赞美，佳颖感到心里十分得意。接下来大家坐在餐桌上吃饭，看到佳颖吃饭的样子，如烟感叹道："美女就是美女，和我们这样的女人就是不一样，看美女吃饭都是一种享受，而我只会狼吞虎咽。"

收到了一连串发自内心的溢美之词，佳颖的心情十分好，再看看身边坐着的如烟，瞬间也不觉得她一般了，而是有些喜欢，还很希望她能够再说出一些好听的话来听听。

心理学家表明，每个人在潜意识当中，都喜欢听到赞美的话，都渴望得到别人的赞美。当受到他们的指责或者批评的时候，就会产生抵触情绪。所以，懂得赞美的人是聪明的，同时也是受欢迎的。被赞美是人性中最强烈的欲望，任何人都不会对别人的赞美不开心，只要把握好赞美的火候，你的赞美就是一种"灵丹妙药"。赞美能够提升一个人修养，提高一个人受欢迎的热度，更能提升他的气质。

6. 批评要讲求"三明治"策略

直接批评是伤人的利器!

——季羡林

北大人认为:当他人犯错时,不应直接告诉一个人"你错了",除非你并不打算让他改正,而是要先用肯定的话语给他人留面子。这样的人时刻懂得给人留面子。中国有句老话叫:"人活一张脸,树活一张皮。"学会为他人保住面子,是气质良好者的一条行事原则。而那些得理不饶人,喜欢给别人挑毛病的人,遇到类似的情况,往往开口便是:"早跟你说,你这样做是错的,你怎么回事?""你自己把事情搞砸的。"这种带"刺"的话一出口,谁听了也不会痛快的。纵使这样的人长得再漂亮,穿得极得体,在别人眼中仍旧是一副刻薄丑陋的形象,毫无气质可言。

刘兰是一位职业女性,因为形象可人,经常被公司派去外地出差,所以,平常很少有时间去哪里游玩。虽然她休息时间不多,可一手高尔夫球打得非常好,在业余时间,很多同事都想请她当老师给予指导。

有一次,大家终于都有时间,于是约定去高尔夫球场打球。很多同事其实也是初学者,球艺自然不行,大家看见刘兰打得那么好,纷纷都让她出面指导。出于好心,她便当起教练来。但是,打球过程中她一会儿说人家"真臭",一会儿说"你这人看起来挺精明的,怎么学打球这么笨。脑子是不是进水了,你这样的姿势是错误的,刚刚不是讲过吗"。光在指责对方的不是,可是球技倒是没有教导多少,气得很多同事也开始不客气地说:"你说话可不可以含蓄点儿?""什么含蓄,你笨就笨嘛,

还不让人说了，真是的！"

可以想象，刘兰这样的女人，即便形象可人，但你能感觉到她的内在气质吗？一句尖刻的话可以让一个人的优雅气质瞬间消失。一个有智慧的人，说话一定是讲求技巧的，尤其是在批评的时候，惯用"三明治"式的策略。关于此，美国著名企业家玫琳凯在《谈人的管理》一书中说道："不要只批评，也要赞美，这是我严格遵守的一个原则。不管你要批评的是什么，都必须先找出对方的长处来赞美，批评前和批评后都要这么做。这就是我所谓的'三明治策略'——夹在大赞美中的小批评。"也就是说，在批评之前，先要去打消被批评者的顾虑。将批评夹在赞美之中，在肯定成绩的基础上再进行适当的批评，一定能收到较好的效果。

很多时候，我们批评别人的目的是教育，是为了让别人认识并改正自己的错误，而不是制服别人或者把别人，一棍子打死，更不是为拿别人出气或显示自己的威风。所以，要做有涵养有气质的人，绝不要在公共场合或当着第三者的面批评别人。同时，在批评的时候，最好先肯定一下别人的优点或者长处，即采用"三明治策略"，前面和后面是赞美，中间加着轻微的批评，这是让人保全面子的最好方法。

高明的人在批评时，会逐渐让对方进入正确的意识，诱导启发对方进行自我批评，这样就不会出现尴尬的场面，还能让别人改正自己的错误。比如："你回答得很好，如果能举出两个事例来说明一下就更精彩了！"切勿用太过刺激犀利的语言点到批评者的要害，含而不露，缓解对方的紧张情绪，启发被批评者的思考，才能达到教育的目的。同时，还可以用一种令人愉快的、迂回的方式巧妙地批评对方，不仅气氛轻松，还保护了对方的自尊心，也保护了自己的名誉。

　　总之，我们为了保全自己的优雅气质，一定要学会大度，能宽容的尽量宽容，不要反应过激，显得小肚鸡肠。如果真的不能忍让，可以在言语措辞上稍微柔和点，不要令人难堪。唯有把话"说好"，说得漂亮，才能时刻保持一副美丽的尊容。

第 20 章

成熟是一种明亮而不刺目的人格光辉

　　成熟是北大人的一种精神气质。关于成熟，著名作家余秋雨先生给出了这样的解释："成熟是一种明亮而不刺目的光辉，一种圆润而不腻耳的音乐，一种不再需要对别人察言观色的从容，一种终于停止向四周申诉求告的大气，一种不理会喧闹的微笑，一种洗刷了偏激的淡泊，一种无须声张的厚实，一种并不陡峭的高度。"北大人认为：一个有气质的人，必定首先是成熟的，那是一种知人生进退的行事智慧，更是一种知分寸的从容。所以，要提升自我气质，先让自己的心灵变得成熟吧。

1. 成熟不等于扼杀真性情

成熟了，却不世故，依然一颗童心；成功了，却不虚荣，依然一颗平常心。

——周国平

人是复杂的矛盾体，有时是表里不一的，外表成熟的人可能拥有一颗稚嫩的心，而拥有年轻面孔的青年，可能内心早已沧桑。成熟可以反映在外在气质上，但真正的成熟是由内而外散发出来的一种沉稳、不做作的精神，心理上的成熟才算得上是真正的成熟。心理成熟度是衡量一个人成熟与否的重要指标，心理成熟的人通常具有很强的心理承受力以及极强的环境适应力，那么是不是所有内心刚强、适应力强的人都很成熟呢？

答案是未必。没有棱角、老于世故并不是成熟，充其量算作圆滑。真正心理成熟的人，知晓社会的人情世故，但却能保持人性中的那份纯真，随着阅历的丰富，变得更加睿智笃定，是一个由单纯到复杂又回归单纯的过程，同时又是一个由懵懂到警醒再到彻悟的过程，我们常说的大智若愚、返璞归真就是这样一种境界。

懂得人情练达、精明世故的人并不是真正意义上的成熟，北大学者周国平曾经这样写道："许多人的所谓成熟，不过是被习俗磨去了棱角，变得世故而实际了。那不是成熟，而是精神的早衰和个性的夭亡。真正的成熟，应当是独特个性的形成，真实自我的发现，精神上的结果和丰收。"成熟的人应该是充满朝气的，而不是蜕变成了毫无特点的人，有属于自己的独特的气质。丧失了真性情，不是变得更成熟了，而是已经在精神上死亡了。成熟但不世故，保留一颗最真的童心，不矫饰不虚伪，喜欢洁净，但并非看不见尘埃，而是懂得淡定地将尘埃轻轻拂去。

30 岁出头的小希行事干练，性格果断，由内而外散发着成熟的气质，但在她身上依旧保留着一份纯真。小希是个棱角分明的人，不过聪慧又识大体的她能很好地把握尺度，所以很少与别人发生正面冲突。在多数人眼里，小希是一个值得信赖的人，因为她活得很真实，高兴的时候笑得阳光灿烂，让人感觉格外温暖。

小金也是一个 30 岁出头的成熟女性，不过她和小希完全不同，没有人能从她的脸上看到喜怒哀乐的变化，也没有人能猜透她的心思；她讲话没有抑扬顿挫，也不带任何感情色彩，就像一台老式录音机发出的声音。

一次偶然的机会，小希和小金相遇了，两人成了朋友。小希对小金说："我觉得你每天心情沉重，活得很累。"小金面无表情地说："这就是成熟付出的代价。一个人经历得越多，就会变得越发实际和世俗，离真实的自己越来越远。"小希不以为然地说："我不同意你的观点，成熟不是扼杀自己的真性情，也不是把自己打磨得像鹅卵石一样圆滑，而是在精神和思想上更懂得自省，能更得体更合理地处理各种事情，拥有一颗平常心。"小希最终没有成功说服小金，小金坚守着自己所认为的成熟，尽管她的外表尚显年轻，精神却早已老去。

诚然，人在复杂的社会环境中生存，我们无法忽视成年世界的法则，每个人既是自然人，也是社会人，我们必须学会扮演好自己的社会角色，适应多变的环境，一个心智成熟的人自然不能像孩童一样任性和为所欲为。可是这并不意味着我们要放弃自己真实的个性，成为一个没有棱角、没有思想、没有情感的机器。真正成熟的人既能应对各种复杂的情况，适时地调节自己的行为和心态，使自身的性情和社会环境兼容，同时又能很好地保留最真的自我，在出世和入世之间找寻到完美的平衡点，懂得化繁为简，于喧嚣繁芜间恪守宁静，在色彩斑斓的大千世界里保留一份难得的纯真。

2. 不被理解是人生的常态

被人理解是幸运的，但不被理解未必就是不幸。

——周国平

每个人都渴望自己的观点得到他人的理解和认同，自己的行为得到他人的赞赏和期许，可惜在现实生活中，被人理解只是少数情况，不被理解才是人生的常态。心理学上有个概念叫作同理心，指的就是换位思考，事实上，即使一个人具有很强的同理心，也无法感同身受地理解另外一个人。每个人的经历都是不同的，你的人生体验是独一无二的，别人无法身临其境地感受你的体验，人生的差异性决定了人与人之间的理解是极其有限的。

内心成熟的人不会满脸悲戚地质问别人："你为什么就不能理解我?"也不会把不被理解当成人生的大不幸，他们无论面对何人何事，都能淡然视之，为此，身上有一种"遗世而独立"的精神气质。

北大学者周国平说："一个把自己的价值完全寄托于他人的理解上面的人往往并无价值。一个人越是珍视心灵生活，越容易发现外部世界的有限，越能够以从容的心态面对。相反，对于没有内在生活的人来说，外部世界就是一切，难免要生怕错过了什么似的急切追赶。""知道痛苦的价值的人不会轻易向别人泄露和展示自己的痛苦，哪怕是最亲近的人。人与人之间的理解或不理解是命运，误会却是命运的捉弄。我坦然接受命运，但为命运的捉弄悲戚。"每个人都是独立的个体，没有人能真正无障碍地理解你的所思所想，切身感受你所经历的苦辣酸甜；有些体验如人饮水、冷暖自知，一个内心成熟强大的人势必懂得人与人之间理解之困难，不会强求别人百分百理解自己，更不会奢望获得所有人的同情。

小夏对所有的朋友都感到失望，认为没有一个人能真正理解自己。不管经历了快乐的事情还是忧伤的事情，她都会在第一时间和朋友们分享，可是对方的反应远不如自己期待的那么强烈。她觉得朋友不在乎自己的快乐和烦恼，只是礼貌地做了一个不耐烦的倾听者，每每想到这里，她就暗自伤心。她知道朋友本是求同存异的，所以也没强求所有人都和自己保持一致，可是朋友如此不关心自己的感受，让她感到分外难过。

小夏对大部分朋友都颇有微词，直到有一天她才改变了对人对事的看法。有一天她外出购物，不小心把新买的苹果手机弄丢了，整个上午她都魂不守舍。恰巧那天小夏的好友牙痛犯了，要求小夏陪她到诊所就医。好友在拔牙前显得忐忑不安，一直喋喋不休地向小夏倾诉心中的恐惧，小夏却一个字也听不进去，满脑子都是丢失的苹果手机。从诊所里出来，好友滔滔不绝地向小夏述说着噩梦般的拔牙经历，并担忧地说只怕麻醉药过后，痛得更厉害呢，小夏只是"哦"了一声，并没有说半句安慰的话。朋友火了："谢谢你陪我拔牙，现在你一定感到不耐烦了吧，那么请离开吧，也许你还有更重要的事情做。"小夏满脸通红，才意识到自己对朋友太过冷淡了，连忙道歉说："对不起，我最近有些烦心事……"朋友不满地说："毕竟牙痛的人不是你，你不可能理解这种痛苦，算了，你忙自己的事情吧。"

经过这件事情以后，小夏开始反思，她这才明白奢求别人感同身受地理解自己的快乐和痛苦是多么不切实际，很多事情只有亲身经历了才会懂得，旁观者很难明白当事人的感受。弄清这个道理以后，小夏的心境豁然开朗起来，从此她再也不强求别人完全理解自己了。

人在烦心时，都想找一个信赖的人倾吐心事，希望对方能理解自己的心情，可事实上人生的千百种滋味，只有真正体验过的人才能真正懂得，所以我们不能苛求经历与自己完全不同的人切身理解自己。即便是两个经历相似或相同的人，由于感受力不同，对人生的解读也会有所不同，因此从某种意义上说你永远无法真正理解别人，世上也没有人能真正理解你。如果你的心理足够成熟，就会对这种困境淡然处之，绝不会因为不被理解而愤恨不已、怅然若失，而会对别人的误解、淡漠采取宽容的态度，心境坦然地笑对人生。

3. 成熟的终极是回归单纯

我的人格理想：成熟的单纯；我的风格理想：不张扬的激情。

——周国平

人们常把单纯和幼稚混为一谈，认为人要成熟就必须摒弃单纯，变得复杂和高深莫测，其实这是对成熟的误解。单纯是更深层次上的成熟，一个成熟的人虽然要经历由不谙世事的单纯转向复杂的蜕变，但进入成熟的终极阶段势必会回归单纯。生活中，人们常把成熟和复杂捆绑在一起，把幼稚和单纯紧密联系在一起，但客观而言，成熟和复杂、幼稚和单纯并不能简单地划为一体；细心观察你会发现，幼稚而复杂的人比比皆是，而成熟而单纯的人也大有人在。

一般而言，成熟和复杂的人都有较为丰富的人生阅历，心灵深处都经历过某种形式的蜕变，但成熟稳重和内心纯粹并不矛盾，一个成熟而复杂的人一样可以拥有干净而单纯的气质。北大学者周国平说："对于心的境界，我所能够给出的最高赞语就是：丰富的单纯。我所知道的一切精神上的伟人，他们的心灵世界无不具有这个特征，其核心始终是单纯的，却又能够包容丰富的情感体验和思想。与此相反的境界是贫乏的复杂，这是那些平庸的心灵，它们被各种人际关系和利害算计占据着，所以复杂；可是完全缺乏精神内涵，所以又是一种贫乏的复杂。"

关于丰富的单纯，周国平认为："人性的单纯来自自然。有两种人性的单纯，分别与两种自然对应。一种是原始的单纯，与原始的物质性的自然对应。儿童的生命刚从原始自然中分离出来，未开化人仍生活在原始的自然之中，他们的人性都具有这种原始的单纯。第二种是超越的单纯，与超越的精神性的自然相对应。一切精神上的伟人，包括伟大的圣人、哲人、诗人，皆通过信仰、沉思或体验而与超越的自然有了一切沟通，他们的人性都具有这种超越的单纯。"人在天真无邪、蒙昧无知的时候无疑是单纯的，随着年龄的增长和阅历的增加，会逐渐变得复杂，唯有在精神上实现超越和超脱，才能由复杂走向简单，回归朴素的单纯，这就是人类由幼稚到成熟再到深度成熟的过程。

岑飞个性成熟稳重，办事干练，给人以一种老到的感觉，但其为人却十分阳光单纯，笑容像午后的晴空一样清爽，待人热情真诚，让人丝毫感觉不到心机和城府。熟悉岑飞的人，都知道他经历过很多事情，人生虽然说不上有多么坎坷，但也算得上是跌宕起伏，别人如果有这样的经历，多半会变得复杂难测，可岑飞却依旧保持着单纯爽朗的个性。朋友对此很不解，于是便向他说出了心中的困惑，岑飞笑笑说："我也曾经复杂过，不过正所谓物极必反，复杂的高级阶段就是回归单纯，就像深刻之后的浅白。人还是浅白一点好，真正成熟的人绝不是高深莫测的，而是像《射雕英雄传》里的周伯通那样单纯和浅白。周伯通虽然号称老顽童，但他并不幼稚，他比任何故作深沉的人看问题都通透，所以在境界上才能超越东邪西毒、南帝北丐，人称中神通。"

北大讲师鲁迅曾经说过："小溪虽浅，但浅的澄澈。泥沼虽不见底，但未必深。"成熟而单纯的人可以是清浅的小溪，也可以是深邃的大海；复杂的人就好比浑浊不堪的泥沼，这样的人未必深刻，只是让人看不清真面目罢了。成熟的代价并不是抛弃单纯，而是历经蜕变之后痛定思痛地重拾单纯，让自己的内心重新变得清澈澄明起来。复杂过后的单纯才是成熟的最高境界。

4. 领略返璞归真的平凡

人生最低的境界是平凡，其次是超凡脱俗，最高是返璞归真的平凡。

——周国平

北大学者周国平认为人与人最大的不同就是价值观的不同，他指出人们常因为追求生命表面的东西，而忽略了生命本身的价值，本末倒置的现象在社会上比比皆是。许多人为了名利而奔波，忽略了平凡生活本身的价值，这样的人总为追求外在的物欲而疲于奔命，是难以修炼出良好的气质来的。

甘于平庸、不思进取当然是不可取的，周国平也把这种人的人生划归到最低层次的境界，但雄心万丈、分分秒秒都在为事业打拼，完全舍去了正常的人生同样是不足取的。一个人如果只为功利而活，是极其可悲的，这样的人就算永远保持着少年时代的狂热，其心智仍旧是不成熟的。一个真正成熟的人必然有着成熟的价值观，为了身外之物而劳碌一生，将平凡的幸福全然割舍，是一种偏激而不成熟的表现。超越世俗，看淡名利，是人生的高层境界，但仍算不上最高境界，人生至高的境界，也就是最臻成熟的境界便是返璞归真，既懂得奋斗的价值，又能回归最简单的生活，珍视一切值得珍惜的人和事物。

周国平曾经说过："我们要珍惜平凡生活的价值。平凡生活构成了人类生活永恒的核心，所有的不平凡最后都要回归到平凡。我很赞成法国哲学家蒙田的说法，他说一个人能和家人和睦相处，这是人生的重大成就。你再辉煌，如果你不能和家人和睦相处，没有一个和睦的家庭，你的人生起码失败了一半。"一个人无论事业多么成功，倘若无福享受平凡的家庭生活，人生同样是残缺的。

谭国宇从小就心怀大志，想要拥有轰轰烈烈的人生，取得常人想都不敢想的成就。长大之后他如愿得到了一份大有发展前途的职业，并收获了一份美满的爱情，建立了家庭，一年以后夫妻俩有了一个可爱的女儿。表面看来，谭国宇年轻有为，正是春风得意时，实际上他的生活早已显露出危机。

谭国宇是个标准的工作狂，他一心渴望成就卓越的人生，把全部心思都放在了工作上，雄心勃勃地搭建着事业晋升的阶梯，根本没有时间理会妻子和女儿。妻子常常因为他忙于应酬，不肯回家吃饭而和他争吵，不但说他不是一个合格的丈夫，还屡屡指责他不是一个称职的父亲。有一次女儿发烧，妻子打电话给谭国宇，当时谭国宇正忙着和客户谈项目，于是不由分说地挂断电话，叫妻子一个人抱着女儿到医院看病。忙到很晚，谭国宇才回家，女儿已经烧退睡下了，妻子却难过得失眠了，此后夫妻关系越来越冷淡了。

若干年后，谭国宇终于在事业上取得了重大突破，成了公司的骨干级人物，薪水丰厚得令人咋舌，然而他过得并不开心，妻子无数次吵闹着要和他离婚，女儿也和他越来越疏远。作为一名父亲，他从未看到过女儿蹒跚学步的样子，也错过了女儿牙牙学语的时期，不知不觉中，女儿一天天长大了，和母亲的关系越来越亲密，却把他这个父亲当成了完全的透明人，甚至在作文里把妈妈写成了世界上最可爱的人，却把他写成了冰冷的自动提款机。当他看到那篇作文时，竟流下了伤心的泪水，他这才想起自己已经好久没有哭过了，一直以来他都太忙了，忙得忘记了享受家庭温暖，也忘记了哭泣。

许多人认为要成就伟大的事业，就必须舍弃平凡的人生。这种观点是极其错误的，平凡才是人生的真谛，一个人即便到达了辉煌的顶点，也不能抛弃平凡的福祉。平凡的生活里不乏珍贵的记忆和闪亮的日子，它记录着无数温馨美妙的瞬间，远比事业的成功更加动人。人生在世，最重要的不是功成名就，而是有幸享受平凡的温情，领悟到返璞归真的真谛。

第21章

判断一个人气质是否良好，首先要看其举止

　　如果说内涵是支撑一个人气质的内在力量，那么举止则是体现一个人是否拥有气质的外在表现。北大人认为，判断一个人是否漂亮，最先要看脸蛋；判断一个人是否有品位，要先看他的发型和鞋子；而要判断一个人是否有气质，先要看其举止。可见，一个人的行为举止是一个人气质的重要体现。为此，要修炼和提升自我气质，就先从纠正自己的不良举止开始吧！

1. 良好的气质，先从正确的"站、坐、走"开始

改造自己，总比禁止别人来得难。

——鲁迅

举止是判断一个人有无气质的最直观的表现。生活中，有这样一些人，尽管容貌俊美，但是粗俗无礼的举止却可以让其形象全无。而另一些人，则与前者相反，他们虽然长相普通，但是其优雅的举止，一颦一笑、一走一坐的姿势，就可以显现出他们优良的教养和气质来。这一点，走在北大校园中，就能别有一番感受。

在北大的未名湖畔行走，时常都会看见这样一些中、老年人，他们或是北大的教授，或是重温故地的北大校友。乍一看去，他们的眉眼或许并不是按照黄金比例生长，身形也早已不再婀娜窈窕，就连身上的着装，也平常、随意、素净，甚少华丽出彩，但其在一颦一笑间，却可以展现出优雅的气质来。他们的一举一动都像一块吸引力巨大的磁铁，所有投向她们的目光最终都会被牢牢吸引。

北大似乎就有这样一种能力，它虽不盛产美女、帅哥，但却能通过内在的修养和外在的礼节举止引导学子们修炼出优雅的气质来。北大学子的气质并不完全都是"腹有诗书"型的，他们有的睿智，有的独立，有的妩媚，有的时尚，但在其一颦一笑的举止中透出的得体却是相同的。

的确，在任何时候，良好的气质都离不开优雅、得体的举止，所以，要提升和修炼自我良好的气质，从正确的"站、坐、走"开始吧。

（1）正确的站姿，一定要挺，即抬头挺胸收腹，头别仰上天，胸别挺出去了，一切都要平，这是最起码的站姿，而且无论在何种场合，只

要站就要力求保持这种姿态，长久下来就会形成一种习惯。如果你说不行，我站不出那种效果，那就回家，脚与臀部，两肩、后脑勺贴着墙，两手垂直下放，两腿并拢做立正姿势站上个半小时，天天如此，不相信你站不出那效果来。

（2）坐，坐姿一定要雅，上身要正，臀部只坐椅子的三分之一，腿可以并拢向左或向右侧放，也可以一条腿搭在另一条腿上，两腿自然下垂。但切忌不能两腿叉开，腿也不能跷椅子上，如果你还没习惯的话，就利用工作中休息的时候来锻炼一下自己。

（3）走：抬头挺胸收腹，别总是低头数自己的脚指头。走在路上就把路当你家的，你的 T 型舞台，但也不是要你走的横行霸道，要走的旁若无人，目不斜视，走出自己的气势，不要急步流星，也不要走得像生怕踩了路上的蚂蚁，不快不慢，稳稳当当。剩下的就是走姿了，两手垂直，轻轻前后摇摆，别走军姿，也不是走正步，要自然。

练好了站、坐与走的姿势，现在最重要的就是要装上你的自信，自信是最美丽，最优秀的。别总将自己的优势摆在嘴上，自信者首先一定是谦虚的，聪明的人一直都是在夸别人的。在任何时候都不要在朋友圈中宣传自己过得有多么好，状态怎么好，要知道，你给大家的希望越大，大家看到你的时候失望也就越大。任何事情都要放在心里，从心中往外散发，表现在你的脸上。

接下来，就要时刻别忘记保持微笑，在任何时候都不要呆若木鸡，也不要笑得花枝乱颤，做不到笑不露齿，那就轻轻上扬一下你的嘴角。最重要的就是你的眼睛，听别人说话，或者跟人说话时一定要正视着人家，不要左顾右盼的。要知道，眼睛是心灵的一道闸门，好好地利用这道闸门，将你内在的自信表现出来。

另外，最重要的就是，在任何时候都要有修养，要有内涵，千万别在背后说人，即便说人也要力求去赞美对方，同时在讲话时，也别说脏话，那样会毁了你的全部形象。

2. "抖腿晃脚，歪脖斜眼"最能使人气质削减

真正的修养不追求任何具体的目的，一如所有为了自我完善而做出的努力，本身便有意义。

——周国平

什么样的人最招人厌烦？这个问题很是笼统，因为各人性格不同，喜好自然也不尽相同。不过，从一些调查数据中，可以得到一个结论：抖腿晃脚，歪脖斜眼的人最惹人厌。可以想象，那些一坐下来就一副吊儿郎当样子抖腿晃脚的人，通常会被人归结为站没站相，坐没坐相，这样的人毫无修养和气质可言。这一类人，也许精明、漂亮，但内心总会有更多尖锐的东西，会给人一种只要接近就容易被刺伤的感觉，这样的人与气质是无关的。

在北京金融行业工作的股票经纪人王蓉讲了她请两位客户吃饭的故事，巧合的是两次都发生了汤洒在客人身上的事。第一位客户是一位形象设计师，妆容精致，打扮入时，从外形上来看像是一位高雅的贵妇。但是，当她坐下后，两条腿却在她的裙摆下不停地晃动，脚下的高跟鞋也跟着她晃腿的节奏发出"咯咯"的响声。当服务员的汤不小心洒在她身上时，她暴跳如雷，找来餐厅经理，歪着脖子，斜着眼睛尖刻地说道："我的衣服知道多少钱吗？你们赔得起吗？你看着怎么处理吧！"她要求赔钱，而且还要美金，并要求解雇服务小姐。最后达成协议，餐厅为她干洗衣服，并口头上答应解雇服务员并免去餐费。

第二位是位白领精英，她穿着普通，妆容也不那么精致，但是脸上却挂着不逝的笑容，让人易于亲近。走进餐厅，她找个凳子优雅地坐下，并且双腿并拢，双手交叉放在膝前，很是端庄。当服务员的汤洒在

她身上时，王蓉愤怒了，餐厅经理惊恐万状，但是这位白领表示"人家又不是故意的，出来工作，大家都不容易，下次让她注意就可以了"，以息事宁人的态度了事，这次餐厅又免去了王蓉的请客费。同样的事情，反映了两个女人不同的修养和素质，在王蓉心中，她们却有着截然不同的形象，她也更愿意与第二位白领女性接触交往。

其实，生活中，一些无关紧要的细节，就会让人上纲上线到"修养"的问题上。抖腿晃脚，歪脖斜眼，这些看似无关紧要的细节，却最能损害你的优雅气质，毁掉你精心装扮的良好形象。

不可否认，我们的气质都是通过有修养的举止行为得以体现的。每时每刻，我们都在从内心去判断和评判一个人，陌生人的一个不起眼的善意的微笑，一句真诚的感谢，立刻就会赢得我们由衷的赞赏："真有修养，真懂得礼貌。"同样的道理，无论在什么时候，你的一举一动、一言一行都在表现着自己的修养，体现着你的气质，人们会根据你的细小的行为或举动来判断你是不是有修养。所以，要从根本上提升气质，请改掉那些毫不起眼的招人烦的小动作吧，请停止你不断晃动的腿吧，也请你不要再歪着脖子，斜着眼睛去审视别人了，那样只会给人留下恶劣的印象。

气质的提升需要后天的不断修炼，但它是一种忘我的境界，只有那些将"优雅"刻在骨子里的人，其外在高雅举止才会得以自然、朴实无华地流露。有修养和能体现自我内在气质的举止，是利用外在的一举一动来传达我们内心对别人的尊重的一种方式，它源于对事理、人情的通达。气质的培养来自于不断的实践和观察，就像其他良好的习惯一样，要养成高雅的气质，就必须改掉那些不文雅的小动作。

3. "杯具"使用不当，会导致你的形象也"悲剧"

一切灾祸都有一个微小的起因。

——周国平

有人说："得体大方的应酬，是一个成功人士必不可少的课题，而气质良好的人却可以把应酬变成自己的舞台。"落落大方的仪态不仅可以提升一个人的魅力，同时也可以展现一个人优雅的气质。一个气质良好者，不仅注意自己的仪态和举止，还会注意餐桌上的基本的礼仪。喝酒的时候，喝茶的时候，举起酒杯的时候，端起茶杯的时候，每一个瞬间都是展现风度、优雅的好时机，气质良好者，时刻看上去都是优雅的。

很多人在职场中，常常因为不胜酒力或者见到过多的陌生人而感到不适应，有的时候还会过于拘谨，紧张，导致说错话，让自己的形象大打折扣。其实不胜酒力可以说："我喝得有点多了，表示一下就好，你们随意。"然后抿一小口也不失文雅。不管什么时候，你的举止的优雅都会让你的气质得到提升，在他人的眼中，都会高看你一眼。

亚唯的爸爸是一家大公司的 CEO，由于亚唯从小就在学校学习，也没见过什么大的场面，随着她长大后，爸爸开始带着她参加各种隆重的酒会。文静的亚唯侃侃而谈，面对陌生人的提问从来都不会显得紧张，格外的从容和大方让亚唯很快成了众人中的焦点。

与父亲合作的大公司的叔叔端起酒杯要给亚唯倒酒的时候，亚唯总是很优雅地端坐在那，红酒半杯，轻轻地端起来，慢慢地左右摇晃几下，然后喝掉，即使不小心在红酒杯上留下了口红印，她也会用干净的手指抹掉口红印，然后再用纸巾擦手。落落大方的亚唯让很多在场的大老板都对她赞许有加，而亚唯的爸爸也很开心，感觉带这样的女儿出门很骄傲。

在餐桌上，所有的杯子都有它不同的含义，就像例子中说到的红酒杯一样，红酒喝之前轻轻地摇晃是一种会品酒的行为，而白酒则不同，端起白酒杯晃荡会给人一种你喝不下去了，你的酒量不行了的感觉。另外干杯的时候，不要发出声音，更不要把自己的酒杯高高地举起，超过领导或者其他人的酒杯，这样会显得你很没有教养。如果意外地碰倒了什么东西，可以做个手势要服务生来帮忙，不要在公众场合大声叫嚷，这是一种极不优雅的行为。

对于女性来说，如果你的口红不小心留在了酒杯上，不要用纸直接去擦拭，这样显得极其不礼貌。在醉意朦胧的时候，要顾及自己的形象，不要衣衫不整，语言混乱，思维和行为都不受控制，另外，我们在端茶和端咖啡的时候，也是有很多细节要讲究的。在生活中，很多人要招待客人时都需要沏茶，或者泡咖啡，当时很多细节都能够体现你是不是一个有修养的人，同时也能展现出你的气质。

中国人习惯以茶待客，并形成了相应的饮茶礼仪。俗话说："倒茶七分满就好，'杯满就欺人'了。"我们应该多懂得一些中国的饮茶文化，这样在日常生活中居家待客时，我们就不会忽略一些该有的泡茶礼仪，也不会让客人觉得不够礼貌，或者是常识缺失了。另外还有"七茶八酒"之说，斟茶时只斟七分即可，一方面暗喻了"七分茶三分情"之意，另一方面客人在拿茶杯时也不容易烫到手。

另外我们要知道在冲茶、倒茶之前最好用 90℃ 以上的开水冲烫茶壶、茶杯，这样，既讲究卫生，又显得彬彬有礼。放置茶壶时，壶嘴不能正对他人，正对他人则表示请人赶快离开。在泡茶或者冲咖啡之前应该先问客人的口味，这样会显得有礼貌。这些细节都会不知不觉地展现出一个人的教养和修为，同时也能够体现出一个人优雅的气质。另外端茶的时候尽量用双手，如果茶很多，可以用茶盘端着，切记不要用一只手，这样会显得极其不礼貌，另外不要将自己的大拇指有意无意地碰到杯子的沿，或者伸进杯子里，更不要因走路不稳而将茶水或者酒水洒在杯子的外面，这样的行为都不是优雅者的所为。

敬茶时一般从左边的第一个客人开始敬起，从左到右。因为中国的传统是以左为先、以左为大的。如果来宾人数比较多，则采取以进入客厅之门为起点，按照从左到右的顺时针方向依次上茶也是妥当的。懂得了这些礼仪，不仅能够体现教养和素质，更能展现一个人的优雅和魅力，获得他人的认可与好评。

4. 你在品味食物，别人也在品味你

灵魂是种子，它可以在知识之水的浇淋下长成参天大树，也可以在知识之水的浸泡下发成一颗绿豆芽。

——周国平

北大人认为：餐桌上的举止是对一个人的礼仪和修养最好的考验，你的事业或工作机会可能会在餐桌上发展起来，也有可能会在餐桌上跌落或消失。所以，我们要修炼和提升自我气质，一定要时刻提醒自己餐桌上的礼仪。如果你平日里不注重自己的礼仪和举动，或者缺乏餐桌礼仪的知识，那就容易当众出丑，破坏你的形象和气质。

生活中，很多体面的机构在雇人前的最后一关，会选择在餐桌上，他们会在录取你之前，客气地请你去高档的餐厅进餐。不过，千万不要得意忘形！你在品味食物的同时，别人也在品味你。在开始到结束，你的一言一行、一张口、一闭嘴、一招一式都将在别人的仔细的品味之中。你如何点酒，点什么样的酒，你点什么主食和大餐，他们会像一个心理学家一样观察你和研究你，会根据你的行为举止对你的出身、修

养、品位、性格、爱好等进行判断。其实，这一切在你还没有坐在桌前时就已经开始了。从你入门时起，你的举止就开始反映出你的形象，你如何进门，如何就座，如何照顾客人，你在各种气氛下如何表现，都在告诉你是个什么样的人，会如何应付社交场上的活动，是否是个有修养有气质的人。

很多人可能都有这样的疑问：不就是吃个饭吗，干吗要整得那么庄重？我怎么变粗俗了呢？吃饭怎么就影响外在的美丽了，吃个饭怎么可以反映出一个人的修养呢？这些问题你该扪心自问，如果你看到以下的几种有损个人形象的行为，你会做何感想呢？

（1）在吃饭的时候，由于够不到菜，会把筷子伸得老长，有的时候还会撅起屁股去夹菜。

（2）喜欢在菜盘子里翻来翻去地找自己喜欢吃的东西，然后把自己喜欢吃的都堆放在自己的碗里。

（3）将自己咬过的菜放回菜盘子，或者吃鱼，啃骨头的时候将鱼刺或者骨头直接地吐在桌子上。

（4）当着饭桌正面地并且是毫不避讳地打喷嚏或者咳嗽。

（5）吃饭的时候用嘴咂摸，发出响声，喝汤的时候发出吸溜的声音，或者对着汤猛吹气。

（6）由于桌上的菜很多，犹豫自己夹哪个菜好，用筷子点过一圈，没夹菜，反而将筷子放入口中咬了咬筷子头。

（7）遇到自己喜欢吃的菜，很贪婪地一夹再夹，还不停地舔勺子，吸吮筷子。

（8）口中有菜的时候，听到饭桌上有人讲了自己感兴趣的话题，还没将口中的菜咽下去就急忙说话。

可以想象，你如果看到一个人在餐桌上有这样的行为，那么，无论他长得再俊朗，妆容再精致，打扮再入时，你也会觉得其毫无气质和修养可言吧！所以，要在交际场上，成为众人眼中的气质逼人的人，就在平时改变自己在餐桌上的一些不雅行为吧！只要平时养成了习惯，在任何场合，你都会经得起别人的"品味"，成为有良好修养的人。

艾丽丝最近很是郁闷，她看中了一个金融方面的工作，经过层层的选拔考核，过五关斩六将，终于快被录用，没想到临终时却在餐桌上栽了一个跟头。

艾丽丝是金融界的高手，在两天之内通过了某个银行的高官的八关测试，面试官对她的表现非常满意。这也就意味着，她将拥有一份年薪高达50万美金的高收入工作。但是，在中国没有练足"洋餐"功夫的她，在第二天中午的午餐上，出尽了"洋相"。

艾丽丝点了自己最熟悉的意大利粉，这是餐桌面试的"点餐之忌"。意大利粉对于意大利人都需要全神贯注地用刀和叉熟练地配合才能够送入口中，而艾丽丝本来心情就紧张，再加上从小在中国长大的她对刀和叉使用很不熟悉，当那长长的面条在快进入口中时，突然落在她的套裙上。餐桌上的失控使她感到尴尬万分："我的紧张的窘迫使我无法正常用餐。"最终，艾丽丝也因此失去了这次工作机会。

由此可见，餐桌上的礼仪和形象千万不能轻视，也许你的一个不经意的动作，有可能会断送你的前程，毁掉你的未来。"餐桌上最能看出一个人的教养"，这话是极有道理的。一个优雅的人，绝对会在平时练就良好的用餐习惯，改掉自己不优雅的动作，在任何场合都潇洒自如地成为别人眼中的一道风景。

你在品味食物，别人也在品味你。一个把筷子放到口中去咬，或者手抓大骨头，龇牙咧嘴地啃骨头的样子的人，只会使他的气质丧失殆尽，甚至还会引发人们的厌恶。美国慈善家比尔·戴维森说："滔滔不绝、到处放电、漫不经心和懒散，以及破坏自己的道德形象的行为都会给别人留下深刻的印象。"所以，我们在餐桌上，一定要吃得漂亮，端庄的气质不可以败在吃饭的场合中，吃相有的时候展现的是一种素质和修养。

5．握手不只是一种礼节

握手不宜太热烈，太热烈则令人疑你是××会的人；不宜太冷淡，太冷淡则令人疑你是高傲；不宜太紧，紧则令人痛；不宜太久，久则令人为难；不宜太常握，太常握则容易使你自己的巴掌上起好几块鸡眼！

——梁实秋（散文家，学者，北大教授）

在社会交往中，握手是人们再熟悉不过的一种礼节，它代表的是一种友好的问候，然而这种看似简单的肢体动作，其实也有不少讲究。在手与手相触的一刹那，人与人之间的交流实际上已经产生了，它通常会被解读成一种抛砖引玉式的前奏。

心理学家认为，通过对方握手的力度和感觉完全可以揣摩出他的个性特征以及心理需求。一般而言，乐于主动握手的人要么天性热情开朗，要么就是喜欢先发制人，处处抢占先机。握手力度大的人，具有极强的控制欲，喜好按照个人意志办事，不容许别人忤逆。事先和对方对视，随后故意把自己的手掌压在对方的手上，暗示着想要占据主动权，在心理上完全压倒对方。握手时柔软无力的人，一般为缺乏自信，或待人冷漠。在通常情况下，握手时太用力太紧，会给人带来强烈的压迫感，最容易引起人的恶感，握手时太无力，很难取得对方信任，而且让人感觉过分冷淡。

最让人舒适的握手方式是力度适中，且握得不要太久，这样才能给人留下宽厚可亲的良好印象。握手应既不是过分用力又并非没有半点力度，让人感觉非常舒服。北大不乏知名的学者和教授，他们虽然有自己的真知灼见，但从不表现得咄咄逼人，这一处事的态度表现在握手的细节上，给人的感觉是温和有力的。北大人不乏个性倔强者，比如鲁迅，头上直竖着寸把长的头发，有如铁丝一般，可是与人握手时他的手却异常温暖，力度也恰到好处，而不是像铁钳那样冰冷僵硬，充分体现出了他平易近人的一面。

孙韬个性开朗，交游广泛，喜欢和各种各样的人打交道，由于阅历丰富，他能够在极短的时间内断定一个人是否可交，其中握手这个细节便是他揣摩别人心理特征的一个重要方面。一次他刚刚结识了一个伙伴，发现对方握手时力道很大，那只粗犷的大手就像一把钢钳一样把他紧紧钳住了，弄得他生疼，经过分析，他认为此类人控制欲超强，凡事不容别人辩驳，和这样的人交往处处都会被压制，所以此类人不可交。果然没过多久孙韬就听说那名伙伴虽然事业成功，但朋友极少，而且家庭关系也不和睦，有人甚至给他取了个"皇帝"的绰号，以此挪揄他的霸道和专制，和他打过交道的人都说此人无法忍受。

后来孙韬又认识了一位新朋友，发现此人握手时十分无力，握手的动作也十分潦草，刚刚象征性地触碰到孙韬的手，就把自己的手抽回了。孙韬认为这类人一般比较自卑，内心渴望与人接近但表面上却十分排斥对方靠近，待人也比较冷淡，容易与人产生隔膜，且大多属于慢热型。通过一段时间交往，孙韬慢慢取得了这位新朋友的信任，并且有意无意地赞美对方；这位朋友渐渐自信起来，两人再次握手时他的力度有所增加。

孙韬的至交握手就很合他意，这位朋友握手的力度恰到好处，手掌富有弹性，结实宽厚，孙韬认为这类人既不自傲也不自卑，通常待人会比较随和，所以就与其建立了长期往来。果然这位朋友总是一副笑容可掬的样子，非常好相处，给孙韬的生活带来了不少欢乐。

握手的动作看似无关紧要，许多人仅仅把它当成了一种礼貌或是某种仪式，其实细微的动作里蕴含了大量的信息，比如你的内在修养，甚至可以成为解读人内心世界的一种独特的密码。我们可以透过握手探知别人心底的秘密，别人也可以通过同样的方式揣测我们的为人。所以在社交活动中，千万不能忽视握手的细节，我们务必要保证让对方感到舒适，这样才能在社交场上更加游刃有余，才能展露出你的良好修养和优雅气质。

第 22 章

良好的形象可以为你的气质加分

北大人认为：一个人良好的气质少不了内在底蕴和人格的支撑，但是外在的形象也能为气质加分。可以想象，一个人若单有底蕴深厚的内在，而外表邋遢粗糙，便很容易将其良好的气质埋没掉。所以，要提升气质，良好的外在形象也是极为重要的。我们走在街上，那些衣着合适、表面干净清爽的人，总能让人生出好感来。对于这样的人，你固然不知道他们的名字，不需要了解其个性，不需要考验其智慧，只从第一眼上看，就能享受到视觉上的美感。诚然，一个人的气质不能够单单以外表来衡量，但至少在"第一眼"上赢得认可的人，能够在社交、婚恋、事业方面赢得更多的机会。所以生活中，一定要学会借助你的外在形象来为气质加分。

1. 穿衣打扮千万别"随便"

愿意的人，命运领着走。不愿意的人，被命运拖着走。

——周国平

北大人认为：一个人良好的气质需要外在良好形象的衬托，当然，这里所说的"良好形象"并非是指人的相貌，而是外在的形象装扮。

在生活中，当你走出家门，你是否注意到这样的问题：你的鞋子擦过了没有？衬衣的扣子扣好了没有？胡须剃了没有？头发梳好了没有？不要对这些小的"细节"粗心大意，很多时候，人的气质就是被它们所毁掉的。北大人认为，没有人会喜欢一个毫无风度、举止轻浮、言谈粗鄙的人，一个拥有良好气质的人，其言谈举止、待人接物都应当表现出文明的、美的风度。

俗话说，"爱美之心，人皆有之"，尤其是年轻朋友，都很重视自己的外在形象。不过，很多人打扮自己的方法，不仅不会给人留下好印象，甚至还会招人厌弃，彻底毁了其内在的气质。一般来说，在与工作相关的社交场合中的装扮，不是为了让你看起来更苗条、更性感，或者更时尚，更有"个性"，而是让你看起来更精明干练、值得信赖。如果一个女职员总是穿着奇装异服，浓妆艳抹地去上班，就算她工作能力再强，相信也不会让人对其产生好感。

北大人认为：其实，人际关系中的穿着原则，其实是极为简单的，无非就是让你看起来像以下三种人：

第一，你是个"信得过"的人。得体的穿着，会让别人对你产生很强的依赖感，把事情交给你办会很放心。

第二，你是个"有能力"的力。整洁大方的外表，说明你至少有本事把自己的日常生活打理得很好。而大方优雅的服装，表明你是个很有眼光的人，工作上也应该有相应的智慧。

第三，你是个"乐观向上"的人。不修边幅的人，会给人抑郁、消沉的印象；而过分地修饰自己，其实是没有自信的表现。你的穿着应表明你热爱美好事物，也热爱生活。

所以，在人际交往中，在你参加社交活动之前，一定要注意以下几点：

1. 鞋擦干净了没有；2. 裤子拉链拉好没有；3. 衬衫扣子扣好了没有；4. 胡子刮过没有；5. 头发梳好没有；6. 衣服有皱褶没有。

这些都是保证你不折损个人气质的重要装扮法则，我们应该尽量遵守。

北大人际关系学的教授们一致认为，一个人整洁的外表是引起他人好感的先决条件。美国一项调查也表明，80%的顾客对推销员的不良外表持反感态度。而国内一家保险公司的市场调查人员发现，他们对农民进行劝说拉保险时，穿戴整齐比穿得不整齐的人在业绩上要好得多。

其实，不仅是推销员，无论做什么工作的人，只要是在社交场合，都要保持清洁、整齐的着装，要从视觉上聚焦他人的注意力。一种得体的打扮，一套职业的服装，能让你看起来神清气爽、精神饱满。因此，我们不妨去花一点时间来注重一下自己的着装，这是对你自己应有的，也是绝对值得的投资，也是提升你个人气质的法宝之一。

有位台湾企业家徐立德，他曾对人说："我去餐厅用餐时，如果我没有穿西装，就先在餐厅门口观望一会儿，有客户在里面我就离开！"可见他对衣着的重视程度。所以，你是否想过，当你在抱怨镜子中的自己无气质的时候，不如先从最简单的"小事"做起，出门之前，先将自己装扮得光鲜亮丽起来，这个时候的你，看着镜中神采奕奕的自己，不断激励自己："我是最漂亮的、最有人缘的，我肯定我自己，我有自信，我有智慧！"这样，你外出办事时所展现的精神气质，将与以前大不相同！

2. 字迹可以"潦草"，形象绝"潦草"不得

有的人常常因为对自己的形象、气质不满，形成自卑心理，去整容或者故意装出一种更好的形象来。其实你本来的形象气质可能就是最适合你的，因此也是最好的。要让别人喜欢你，就要先学会喜欢自己。

——俞敏洪

做修炼和提升自我气质，除了要修炼内在外，还要时刻注意自己的外在形象。古代哲人穆格发说："良好的形象是美丽生活的代言人，是我们走向更高阶梯的扶手，是进入爱的神圣殿堂的敲门砖。"品位女人靳羽西说："对于一个女人来说，你的形象价值百万！"北大人也指出：一个人的字迹可以"潦草"，但是形象却"潦草"不得。可见，良好的形象是一个人通往良好气质殿堂的必要条件。

然而，现在的人，大都厌恶那些繁文缛节，出门前总会随手抓起一件衣服便"潦草"了事，也不清楚自己是否蓬头垢面，最终只会彻底毁了自己在他人心目中的形象。正如北大人所说的那样，你的字迹可以"潦草"，但是形象绝对"潦草"不得，它有可能会将你悉心经营起来的一切毁于一旦。

刘岑是一家大型公关公司极为出色的员工，不仅人长得漂亮，而且能说会道，所以，公司总将大的 Case 交给她去做。

一次，刘岑作为公司代表与英国一家企业谈合作项目。通过前期的市场调查，英国公司很是看好和重视这次合作。这次洽谈，主要是奔着签署合作协议去的。但是，在洽谈刚开始的时候，英方代表却直接拒绝在合作意向书上签字。而且对刘岑说了一句很奇怪的话："小姐，你今天很漂亮，但请您到洗手间镜子面前验证一下自己的缺陷。"刘岑很是

奇怪，便独自到了洗手间，看到自己的牙缝中夹着一片菜叶，而且自己白色的衣领子上也沾了一些污渍。这时，她才意识到早上吃早饭时不小心弄上的，出门前匆匆忙忙却忘记了照镜子。她顿时羞红了脸。

最终，英方代表说："我们最为看重的是本公司一流的服务和产品，但是小姐的形象向我们表明，你们并不是一个追求完美品质的公司。一个自身形象都不在乎的人，如何保证它能生产出完美的产品来呢？"

这让刘岑后悔万分，没想到因为一个小小的失误，却给公司带来了巨大的损失，她被迫离职。但是，后悔又能为自己挽回些什么呢？

可见，一个形象"潦草"的人，其杀伤力是巨大的，它可以让人在瞬间将你的一切都否定掉。要知道，当一个人在疏忽自己的外表之时，他就已经完全失去了作为一个拥有良好气质者应该有的态度了，就会错失一些美好的事情。

托尔斯泰说过："没有比漂亮的外表更有说服力的推荐信了。"我们要拒做形象"潦草"的人，就要学会平时在外出前，注意一下自己的妆容，照照镜子，打扮打扮，这是对自己的肯定，更是对他人的尊重。

另外，一个注重个人形象的人，能在人群中得到信任，在逆境中得到帮助，也能在人生的旅途中不断地找到发挥才干的机会，最终做到活出真正精彩的人生。在生活中，如果你能充分地注意外在形象，不仅能为你的生活增添色彩，更有助于提升你的影响力。

宋庆龄女士是世界公认的伟大女性，她除了拥有崇高的品质、高尚的人格外，还有美好的仪表形象。

美国作家艾斯蒂·希恩曾在作品中这样描写她："她雍容华贵，却又那么朴实无华，堪称稳重端庄。在欧洲的王子和公主中，尤其是年龄较长者的身上，偶尔也能看到同样的影响力。但对这些人而言，这显然是终身培养训练的结果，而孙夫人的雍容华贵与众不同，这主要是一种内在的影响力。它发自内心，而不是伪装出来的。她的胆略见识之高，人所罕见，从而能使她在紧要关头镇定自若，同时，端庄和胆识又使她具有一种根本的力量，这种力量能够消除人们由于她的外表而产生的那种柔弱羞怯的印象，使她具有坚毅的英雄主义的影响力。"

由此可见，良好的形象，除了能展示个人的气质与风度外，还有助于提升自我影响力。

每个人的形象，无论好坏，也都是充满着独特的影响力的。因此，形象是每个人向世界展示自我的"窗口"，向社会宣传自我的"活广告"，向别人介绍自我的"名片"，别人从我们的形象中获取对我们的印象，而这个印象又影响着他们对我们的态度和行为。所以，每个人都在这个最基本的互动过程中追逐着自己人生的梦想，实现着生命的价值。为此，要提升自己的影响力，就要在平时多注意自己的外在形象，即出门前照一下镜子，吃完饭漱漱口，检查一下自己的牙齿，不要不修边幅，落下"潦草"人的坏名声，从而彻底毁了你的气质。

3. 用 100 分的服装来装点你 100 分的内在

生活质量的要素：创造，享受，体验。

——周国平

多数人认为不该以貌取人。的确，也有很多调查显示，多数人并没有把外表作为其选择其伴侣的首要条件，但是这绝对不意味着你可以忽视掉你的外表与服饰。在社交场上，多数人也不会根据你的外表来对你做一个长远的认识和判断。但是，在别人见到你的第一刻，你给别人的第一印象，绝对不是你内心的思想有多华丽，内在有多丰富，底蕴有多深厚，而是看你的外表有多精神。

在电影《女佣变凤凰》中有这样一段台词："我知道偷穿客人的洋装是我的错，但是那天如果我没有穿那件白洋装而是穿着女佣服的话，那么你还会注意到我吗？"这是现实的世界，如果你有 100 分的内涵，80 分的才华，但是你穿上只有 60 分的服装，就很难展现出一个真正的你。也就是说，一个有内涵有修养且有气质者，一定要懂得用 100 分的外在将真实的自己展示出来。当然了，要用 100 分的穿着展示 100 分的内在，并不是说要我们穿华装丽服，把自己打扮得千娇百媚，而是要穿上与自我气质和风格相关的服装，如此才能做到"人衣合一"，彰显出与众不同的自我气质。

从《欲望城市》中，我们便能觉察到，那些我们心中最为典型的女强人代表，诸如律师、作家，并不仅仅精通如何打赢一场官司，写出多么好的作品，她们还懂得如何利用得体的着装让自己看起来更强势。

你是否许记得那一幕：当美兰达晋升为律师事务所的股东之一的时候，她什么都没说，身上那套剪裁合体的 Giorgio Armani 已经无声地宣布了她成功时的骄傲与喜悦了。"Dress for Success"即为"穿出成功"是《丑女贝蒂》第一季第三集的片名。有一幕，贝蒂穿着那件墨西哥风格、酷似圣诞树的绿色斗篷不知死活地站到了顶级时尚杂志"Mode"的大理石楼梯上，连主编的影子还没见到呢，就差点被势利的小助理"踢"回老家。

其实，穿衣和择伴侣一样，适合自己的才是最好的。也就是说，你的衣服搭配要与本身的气质相符合，更要与自我的职业形象相符合，才能展现出 100％的自我，展示出独属于自己的个性，给人留下深刻而良好的印象，也才能传达出独特的个人魅力。

无论你是混迹职场多年的资深人士，还是苹果一样青涩可爱的社会新人，在选择衣服前，一定要了解自己是一个什么样性格的人，严肃、活泼、天真还是严谨，了解了这些后，再去合理地搭配衣服，才能塑造完美的个人形象。

不要再等了，要用服装提升自我气质，从现在开始就行动吧，其实要想找到你最漂高的样子很简单：先找到符合你气质的服饰，再挑选出属于自己的色彩，再加上合理的搭配，你就可以不化妆都变得神采奕奕。换一个合适自己的款式，你就可以长高变瘦；穿一件能体现你气质的服装，走到哪里你都能吸引别人的目光。还需要再等吗？

4. 最随众，最具安全美的穿衣法则

当庸俗冒充崇高招摇过市时，崇高便羞于出门，它躲了起来。

——周国平

穿衣装扮，与自我气质、风格相符合极为关键。生活中，如果在不了解自己的风格和气质的情况下，就要学会保持那份安全的从众美。千万不要花里胡哨乱穿一通，结果毁了自己的形象不说，还会引来他人的嘲笑。

作家苏岑关于女性的随众美，说道："先学会从众，再学会与众不同，在随流中点缀个人风格，人说，这叫作经典。"也就是说，在随众的基础上，点缀自我个性，才能创造属于自己的经典美。其实，对于生活中的多数人来说，最随众的打扮便是 T 恤（衬衫）＋牛仔裤，天气冷时，再外加一件质地不错的风衣，这种打扮走到街上，任谁也挑不出什么毛病来，这身打扮的女人美得随众也美得安全。很多时候，当你真不知道穿什么时，那么就遵从简单化的原则吧，穿得简单些、随性些，你自身的气质很容易便能被凸显出来，也不容易被人挑出毛病。

杨菁是个随性的女孩子，长得不算美丽，但自小就坚持练习舞蹈的

她，无论走到哪里都能散发出一种迷人的气质来。生活上的她随意自然，因为总找不到适合自己风格的衣服，所以，总是会找牛仔和 T 恤套在身上，这样随意的打扮，仍旧使她散发出迷人的气质来。为此，她的穿衣法则已经成为周围的同事和朋友的模仿对象。

工作中的杨菁高效干练，经常要出去公关。比如，一个文化公司要请她做活动的代言人，她就选了一套黑色公主服，戴着不知是哪个年度的奖项奖品——一条白金项链，端庄干净，一头长发素面朝天地去了。然后，社交宴会上的她可就是另外一个样子了。晚上一个露天的外交宴会上，她换上了华丽的印度长裙，用东方文化武装自己，大大方方、不卑不亢地表现出她最光彩的一面，如此就轻松做了晚会上风头最劲的美女子。

每个人都有属于自己的独特的美，但是如果你发现不了自己的独特，那就坚持一种随意、随性的安全美吧，那些简单安全的装扮能为你的气质加分。当那份随意、随性的安全美融入你的骨子里时，你的个人魅力也就形成了。要知道，魅力是一种动态，一种感染。当那份随意和简洁固定地驻扎在你身上时，你散发出来的个人气质，就是一种迷人的魅力，并且这种魅力会让多数人都着迷。

所以，当我们不懂得如何装扮自己时，当我们不了解适合自己的风格和气质时，那就以"简单、随性"为原则装扮自己吧。那些上身 T 恤，下身牛仔裤，脚蹬运动鞋的女人，要永远比那些头戴大红花，身穿一身洞洞服，把自己打扮得花里胡哨，不伦不类的女人更有气质和魅力。

第 23 章

社交场合最能展露出你的修养和气质

北大人认为：气质是一个人涵养、学识、个性等综合素质的体现，而这些都会在交际场上体现出来。也就是说，社交场合最能够将一个人的气质展露无遗。所以，真正有气质者，一定是社交场合的"大赢家"，他们懂礼节，注重细节，他们善于在社交场上开辟出一块属于自己的舞台，成为人见人爱的人！

1. 关注肢体语言，别让小动作出卖你

在与人交谈中，不停看表不仅不礼貌，还会让人产生压迫感。

——俞敏洪

在与人交谈过程中，其实肢体语言比语言本身更易于引起人的关注，更能体现出一个人的涵养和气质来。因为肢体语言是人下意识的动作，它所传达的信息往往比口头语言更加真实，因此又被视为不会说谎的特别语言。可惜的是大多数人常常忽视微妙的肢体语言，有不少人甚至认为只要练就舌绽莲花的口头表达能力就可以了，肢体语言完全无关紧要，所以往往犯了很多大忌。

北大 EMBA 研修班讲师指出，肢体语言在交谈时可传达出 55％的信息，对方并非只关注你的口头话语，还会通过观察你微妙的肢体动作解读出其他的信息，以此揣测你真实的内心需求。因此你不经意的肢体动作可能暴露出你没有说出的内容，或许你对自己的举动毫无察觉，却已经在无形中让人对你产生了好感或恶感，因此要时刻注意自己的肢体语言，以防让小动作毁了你的个人气质。

俞敏洪曾经告诫人们在与人交谈时，频频看表是大忌。那么人们为什么会反感这样的动作呢？从心理学角度分析，不停看表通常有两种情况，一种是有急事要办，希望对方早点结束谈话，看表的动作无异于下逐客令，这当然会惹人不快。倘若不是在会客过程中发生的，而是出现在其他场合，那么看表也会被解读成身在曹营心在汉，即你心里想的全是即将待办的事情，可能是什么急事，也可能不是，总之无心和别人交谈，这场看似礼貌却有失礼数的谈话同样会让人分外不快。第二种情况

是，你并没有什么急事待办，只是对对方的话题不感兴趣，因而表现得漫不经心，或者十分不耐烦，频频看表的动作实际上就是盼望对方快点住口。

除了看表以外，在交谈过程中随意打电话，旁若无人地用手机刷微博，也十分让人反感，这些小动作充分表明你根本不关注对方的谈话，而且明显不在乎对方的感受，完全把对方的话当成了过耳的秋风，这当然是别人不能忍受的。所以在与人沟通的环节上，千万不要犯这种低级的错误，否则就算你有再棒的口才、再高明的交际技巧，也不能赢得对方的认同。认真倾听别人的讲话，杜绝不礼貌的小动作，是你赢得好人缘的基本功课。

心理学家曾做过这样一个实验，要求两位实验对象在同一个大厅里参加社交活动，第一个实验对象风度翩翩、英俊笔挺、口才绝佳，第二个实验对象相貌平平，为人木讷。心理学家要求前者在交谈过程中尽可能表现得漫不经心，最好多做几个惹人讨厌的小动作，比如不停地看表，或者给场外的人打电话等；要求后者把全部心思放在谈话上，杜绝一切小动作，要尽量让对方感到舒服愉快。半个小时后，他会让大厅里的人给他们的表现打分，以此测试两人的受欢迎程度。

经过几轮的交谈后，第二个实验对象赢得了一致的好评，人们纷纷给他打了高分，还有好几个人向他要了电话号码，表示希望以后能够取得联系。人们对第一个实验对象的表现普遍感到不满意，给他打出的分数全都是不及格，大家虽然认可他是个十分有魅力的男士，不过缺乏最基本的涵养和礼貌，基于这一点，有人甚至给他打了零分。

事实表明，在人际交往中，身体动作并非无关紧要，而是至关重要，细微的肢体动作其实也是一种语言，所以我们务必要表现得得体大方，不要给对方带来不愉快的感受。倾听别人讲话时，精神一定要专注，最好目视对方，在必要的时候与对方进行一定的眼神交流，微笑着听对方把话讲完；可以时不时点头表示认同，切忌一心两用，给对方带来不快。

2. 尊重是文明社交的"通行证"

一个自己有人格尊严的人，必定懂得尊重一切有尊严的人格。同样，如果你侮辱了一个人，就等于侮辱了一切人，也侮辱了你自己。

——周国平

人常道："敬人者，人恒敬之"，互相尊敬是人与人交往的基础，也是约定俗成的基本法则。受到尊重是人类基本的心理需求，互相尊重是一种不成文却普遍被接受的社会契约。心理学家指出，这种契约最早形成于原始社会，当时虽然还没有出现法律和成熟的道德典范，然而已经形成了一个被广泛接受的生活规范，形成了一定的传统和禁律，史称"答布"。每个人在集体社会中扮演一定的角色，如果人们信守社会规范，就会受到广泛赞许和认同，否则就会被谴责和疏远，这种现象叫作答布效应。敬人者人恒敬之，所遵循的就是"答布效应"。

尊重是文明社交的"通行证"，人的职业身份和外在条件虽有不同，但在人格尊严上是平等的，每个人都应该受到同等的尊重，任何人的人格尊严都是不可侵犯的。身处高位的人居高临下并不能赢得更多的尊重，反而在侮辱别人的同时也侮辱了自己，彻底毁掉了个人的形象气质。真正有修为有涵养的人对待任何人都能一视同仁，能够平等地对待每一个人，绝不按任何条件划分人的等级。

北大副校长季羡林虽然拥有很高的社会声望,在学术界取得了极高的成就,但却没有一点派头,能够平等地尊重每一个人。在学校,他从未轻看或轻视过一个年轻后生,充分尊重每一个师生。有一次有一个学生向他借一本极其珍贵的绝版古籍,他担心古籍被污损给文化界和学校带来无可估量的损失,但又不忍拒绝渴望求知的学生,就亲自将厚达几百页的古籍全部抄写了下来,把笔记送给学生阅读,并郑重地道歉说:"很对不起!我没能将原本借给你,是因为原本太珍贵了,我打算以后将它捐给国家。现在这本书我概不外借,我怕万一被人损坏,以后对国家就不好交代了,我想你一定能理解我的做法。今天给你的是我的手抄本,尽管看起来有些麻烦,但基本上一字不错、一字不落,是可以一用的……"学生听后大为感动。

季羡林在学校是平和的,在校外也是如此,特别值得一提的是他与清洁工魏林海的交往。季羡林不但尊重魏林海的人格尊严,还对他的工作给予了高度的赞扬,题词中曾经这样评价道:"林海先生所从事之工作,与其弘扬文化之热忱颇有距离,然而,林海先生竟能一身而二任之,真可以入畸人传矣。"两个人平等交往了十多年,传为一时的佳话。

有一位医术精湛的医生,有一天接待了一个来自原始部落的客人,来者声称部落里的男女老幼都染上了一场怪病,急需诊治。虽然治病救人是医生的天职,但这位文明世界里的医生清楚地知道该部落一直延续着传统的裸体习俗,这让他非常为难。客人见医生犹豫不决,赶忙跪下来苦苦哀求,医生经过短暂的心理挣扎,终于答应前去医治病人。

很快,医生就带着医药箱和药品来到了部落,不过眼前的一幕让他马上惊呆了。部落里的男女老幼为了尊重文明世界里的习俗,全都穿得整整齐齐,有的人还打了领结,而那位医生,为了尊重部落的风俗习惯,只带着一只医药箱就匆匆赶来了,身上一件衣服也没穿。

故事中的医生并没有因为原始部落落后于文明世界，就歧视部落里的人，而是选择把自己置于和对方同等的地位来对话，这就是尊重的要义，也是一个人对涵养和气质的最好诠释。很多时候，我们不尊重别人，是因为高人一等的优越感，或者是对某些群体存有根深蒂固的偏见，我们必须改变待人处事的态度，平等地对待与我们不同的人，只有这样才能赢得别人的尊重，否则就会因为浅薄的表现为人所不齿。

3. 把别人想象成天使，你就不会遇到魔鬼

不要在人格上轻易怀疑人家，不要在识见上过于相信自己。

——梁漱溟

信任是人与人交往的基础，可是多疑又是人性中根深蒂固的一部分，在情形不明朗的情况下，人们的疑心病就会发作。有时候人们会疑神疑鬼地想象着别人做出对自己不利的举动，以至于做出伤害他人的行为，或者理直气壮地质问对方，这是自毁气质和形象的一种行为，也会对正常的人际关系造成无法修复的损害。

心理学家曾做过这样一个实验：请两组受试者给同一位女士打电话，对第一组受试者说对方是一个冷漠乏味的女人，对第二位受试者说对方是一个风趣活泼的迷人女士。结果发现第一组人员很快就和那位女士结束了通话，双方沟通得异常艰难；第二组人员和那位女士交谈得非常愉快，双方通话的时间也比较长。这个实验说明把对方想象成天使，友善地对待别人，更有助于彼此建立互信；把对方想象成恶魔，质疑别人的人格和人品，冷漠戒备地对待他人，甚至拒别人于千里之外，双方心里就会不约而同地竖起高墙，人与人之间很难达成共识。

北京大学社会系教授郑也夫指出：人与人的信任基本局限在家庭之中，我们与其他社会成员尤其是陌生人并不容易达成信任，这不仅严重影响到正常的社会交往，还阻碍了社会的进步与和谐。在当代社会，信任可分为三种，包括人格信任、货币信任和专家信任。货币信任是通过货币的流通实现的，作为消费者使用钞票购买商品或服务，这种结算活动就属于货币信任的范畴。专家信任是指我们倾向于信赖各大领域内的行家，对专家级别的人物尤其信赖有加。在社交活动中，起主导作用的并不是货币信任和专家信任，而是人格信任，不过可惜的是这种信任在多疑者眼里显得尤为脆弱。人与人是一种互动关系，你信赖别人，才能赢得别人的信任，你把别人想象成面目可憎的魔鬼，别人也不可能把你当成美丽纯洁的天使。

有位旅行家经常到世界各地旅游，每次回国以后，从不和别人分享旅途中新鲜的见闻，而是没完没了地抱怨自己所见到的人究竟有多么差劲："海关工作人员总是板着一张冷脸，好像是别人欠了他们多少钱一样；出租车司机蛮横无理，让人无法忍受；餐馆的服务员态度恶劣，没有一点敬业精神；市民缺乏最基本的涵养，一点人情味都没有。"人们问起异国情调和异域风光，旅行家皱眉道："我哪里有心情看风景，那里的人太让人扫兴了，我只游览了几处旅游景点就匆匆回国了。"

有一次旅行家又到了一个陌生的地方旅游，看到有家酒店的墙上写着这样一段话："世界是一面镜子，其中有自己的影像：你对它哭它就哭，你对它笑它就笑。"他反思了一下自己的过去，觉得是自己的多疑性格造成了对他人的误判，他去过那么多地方，不可能所有人都像他描述的那样差劲。此后他再外出旅游时，总是面带微笑，用信赖的眼光礼貌地注视着对方，那些冷若冰霜的海关人员、差劲的出租车司机、餐馆服务员以及市民，全都变得亲切友善起来，这个惊人的发现彻底改变了他的旅行生活，让他在周游世界的过程中找到了更多的乐趣。

如果你总是把别人想象得很糟糕，处处对人设防，即使没有出言挖苦讽刺，那种让人不快的态度也会自然流露出来，对方会根据你的处世态度，做出相应的反应，结果互相之间的猜忌就由此产生了。所以想要纠正别人的态度，必须先改变自己的态度，不要轻易怀疑别人的人格，更不要捕风捉影地质疑他人，对外界多一份友善、多一份信任，我们也将收获友善和信任。

4. 适时满足他人的表现欲

每个人都有显示欲，骂别人臭美的人实际上自己也有臭美之心。

——唐登华

生活中，人们都或多或少地有一种自我展示的欲望，比如向世人展现才能、炫耀美貌、彰显成功等，有的人对此非常排斥和反感，认为这是一种浮躁浅薄的行为，忍不住出言讽刺，结果把自我良好的气质和形象给毁了，也在不知不觉间把自己的人际关系搞僵了。

北大心理学家唐登华指出：人在天性上就渴望别人关注自己和重视自己，希望借助展示最优秀最亮丽的一面博得赞扬和好感，以此来获得普遍的认可，满足自身的精神需求。其实每个人都在不同程度上拥有展示欲，也就是我们常说的表现欲，我们应该给予别人表现自我的机会，满足对方的展示欲，这样才有助于更好地调节人际关系。

表现欲过强确实是一种心理不够成熟的象征，一个人一旦心理足够成熟，表现的欲望就会有所下降，以免引起别人的厌恶。但表现欲的存在也有一定的合理性，它是凸显个性、彰显生命力的一种方式，如果人人都失去了表现欲，社会就会变得呆板沉闷，缺乏活力，拥有一定的表现欲，可以促人上进：人们渴望以更优异的表现赢得他人的认可，往往会在多个方面表现得更加出色。在社会交往过程中，我们既要把自己的表现欲控制在合理的范围内，又要懂得满足别人的表现欲，只有这样才能在互相尊重的同时，与他人建立起和平共处的融洽关系。

贾宁在一家大中型企业工作，平时工作勤勤恳恳，深得老板赏识，可是同事们普遍不喜欢她，老板想要把她提拔为主管时，竟遭到了多数人的反对。这让她分外不解，其实别人对她反感主要是因为觉得她太过刻薄。有一天有位女同事刚刚做了新发型，一下子吸引了很多人的目光，有的人还向她打探理发店的具体地址，声称自己也想做同样的发型。大家都说她换了发型清爽了许多，人也变得更加漂亮了，贾宁却不冷不热地说了句："臭美。"尽管声音很小，在场的所有人却都听见了，那位女同事气得脸色都变了，从此再也没有和贾宁说过一句话。

有一次公司举办文娱活动，庆祝企业发展步入了崭新的阶段，同事们各显其能，有的秀出了自己的好嗓子，有的展示了书法绘画才能，有的载歌载舞，气氛十分活跃，事后大家议论纷纷，彼此夸赞。贾宁不但没有参加活动，反而讥讽地说："会唱歌跳舞，会画画，又有什么用？谁也不是什么专业人士，也成不了艺术家，有什么可夸耀的？还不如把彰显自己的心思放在工作上，踏踏实实地把本职工作做好。"每次同事展现出一点表现欲，贾宁都万分反感，总忍不住给别人浇冷水，久而久之，大家都和她渐渐疏远了；不知不觉中，她变成了一个形单影只的孤家寡人，成了办公室里最不受欢迎的人。

作为群居性动物，每个人都在寻找自己的存在感，表现欲是人们追求存在感的一种外在体现。在生活实践中，人们充分意识到想要赢得他人的重视和亲近，就必须不遗余力地展示自己独特的风采，否则就有可能被忽视和淡忘，在这样的心理动机的触发下，强烈的表现欲望就诞生了。我们不要把表现欲看成绝对负面的东西，更不要轻视有表现欲的人，而要清醒地了解表现欲的心理运行机制，理解和接纳别人的这种行为，给别人一次发光的机会，满足他人的情感需求。

5. 沉默也是一种沟通艺术

沉默是一种处世哲学，用得好时，又是一种艺术。

——朱自清（散文家，诗人，毕业于北大哲学系）

沉默是一种生命富有张力的体现，是一种动人的气质。著名作家海明威说："我们花了两年学会说话，却要花上六十年来学会闭嘴。"的确，学会沉默并不是一件容易的事，人们习惯了随心所欲地开口表达意见，然而适时闭嘴却需要理性和意志力来控制，所以才会有沉默是金的说法。

从心理学角度分析，沉默是一种无声的语言，它的表达效果远远胜过不合时宜的有声语言。沉默有助于倾听。每个人都渴望被关注，且具有强烈的表达欲望，如果你一味滔滔不绝，却不愿扮演听众的角色，就难免引起别人的反感。倾听不仅可以迅速拉近彼此的距离，而且可以实现高质量的沟通，毕竟沟通是一种双向互动，只喜欢说不喜欢听是万万不行的。

沉默不是完全缄默不语，而是为了给自己和对方预留更多的思考空间，有时候不把话说尽往往能起到更好的交流效果。北大的教授在教学过程中，非常善用沉默是金的法则，在授课的过程中，讲话言简意赅、一语中的，一句废话也没有，然后便是保持沉默，余下的内容留给学生们消化吸收，这样的教学比传统的填鸭式教育要好得多。

沉默是一种高级的沟通艺术，有时一个关切的眼神便胜却人间的万语千言。北大哲学系毕业生，我国当代的知名学者、作家周国平曾这样解读沉默："因为我们最真实的自我是沉默的，人与人之间真正的沟通是超越语言的。倾听沉默，就是倾听灵魂之歌。""真实的感情往往找不到语言，真正的两心契合也不需要语言，谓之默契。""人生中最美好的时刻都是'此时无声胜有声'的。"由此可见，沉默是一种更高层次上的处世哲学。

庄明转校后，被老师安排在了一个靠前排的座位，同桌是一个叫江悦的女生。由于彼此陌生，两个人并没有说过太多话，有一次庄明在书桌上翻找东西的时候，不小心把江悦的文具盒打翻在地，还把她的钢笔摔坏了。庄明不知所措地怔住了，竟忘记了说对不起，江悦默默地把洒落一地的学习用具装进了文具盒里，并没有说一句不中听的话，庄明对她的沉默由衷地感激。

后来江悦生病住院了，好长时间都没有来上学，庄明每天都默默地帮她把桌椅擦拭干净，周末带了水果看望她，并不多言。江悦病愈后立即来上课了，毕竟高中的学习生活是分外紧张的。庄明主动地帮她补习功课，并在她表演文娱节目时第一个率先鼓掌，同学们都以为他们恋爱了，而实际上他们并没有发展成恋情关系，但却成了最特别的朋友。

十多年以后，两个人都已步入了奔三的年龄，感情依旧好得一如初见，回顾往事的时候，江悦说："我认识的人当中，你是最为与众不同的，很多人只知道谈论自己，根本无心倾听别人讲话，而你虽言语不多，却能通过无声的语言传递给别人能量，这就是我欣赏你的原因。"

古语云："大音希声，大象无形。"庄子说："天地有大美而不言。"沉默也是一种美，更是一种待人处事的艺术，懂得适时沉默是一个人由肤浅走向深沉，由幼稚走向成熟的标志，善于沉默的人内在有一种力量，可以通过无声的语言给别人带来更多的关怀和温暖，故而比能言善辩者更能赢得人心。

第 24 章

人格：建立生命的坚固材料

"岁月的积淀，人格的蓄养"是北大人所理解的气质，也就是说，一个人的内在气质，离不开内在人格的支撑，它是建立生命的坚固材料。这也从侧面告诉我们，要提升和修炼高贵的气质，首先要有高贵的人格。北大作为百年学府，一直将"健全的人格"作为教育之首，作为培养人才的先决条件。在北大，你学会的不仅仅是单纯的知识，感受更多的是北大人对一个人人格的熏陶。从这里走出的代代骄子无不具备北大特有的精神气质。

1. 健全的人格是教育之首

> 盖国民而无完全人格，欲国家之隆盛，非但不可得，且有衰亡之虑焉。造成完全人格，使国家隆盛而不衰亡，真所谓爱国矣。
>
> ——蔡元培

气质是岁月的积淀，人格的蓄养，可见，人格是支撑气质最重要的内在精神之一。北大作为中国的百年学府，其一直将"培养健全的人格"作为教育的目标。北大第一任校长蔡元培可谓是中国历史上的教育家之一，他曾将"健全人格""完全人格"的培养，作为教育的重中之重。在他看来，国民的真假爱国主义主要取决于国民有无完全的人格，并强调男妇国民，都应该有"完全人格"，而不应有所区别。

不可否认，人格对每个人来说都是一种财富，它是人的良好意愿和尊严的财富。从小对品行人格的投资，虽然不能直接在物质方面变得富有，但可以让人从赢得的尊重和荣誉中获得一种精神方面的回报。无论是东方的圣人，还是西方的哲人，都是十分重视个人人格的塑造的。苏格拉底说："人有了人格的尊严，必不甘堕落为禽兽，而品德也必有自然提高。"因此，"良将不怯死以苟且，烈士不毁节以求生"。正因为有了这种人格的力量，就可以战胜困难，也可以抵御邪恶，也正如古人所说的"富贵不能能淫，贫贱不能移，威武不能屈"，在人生的道路上能留下一串光辉的足迹。可见，一个人人格的塑造是一个人立足于社会，个人气质、魅力形成的关键，也是一个人能否成事的重要基础。

杰弗德曾经是一位地位卑微的会计，其后步步高升，后来更任美国电报电话公司总经理。他常对人说，他认为"人格"是一个人事业能否成功的关键因素。他说："没有人能准确地说出'人格'究竟是什么，但是如果一个人没有健全的特性，便是没有人格。人格在一切事业中都显得极为重要，这是毋庸讳言的。"

其实，古今中外，除了杰弗德外，还有摩根、范登里普，包括中国的马云、李嘉诚等成功人物，都极为看重"人格"，认为一个人最大的财产便是"人格"。

一位成功的商店经理说过："有些人生来就有与人交往的天性，他们无论对人对己，举手投足与言谈行为都很自然得体，毫不费力便能获得他人的注意和喜爱。可有些人便没有这种天赋，他们必须加以努力，才能获得他人的注意和喜爱。但不论是天生的还是努力的，他们的结果，无非是博得他人的善意，而那获得善意的种种途径和方法，便是'人格'的发展。"不可否认，只有健全的人格，才能获得人们的喜爱。因此，世间凡是智者贤人，常因为人格的感召力而受到众人的推崇。可以说，一个人无论成功与否，其人格一定是要放在第一位的。这也是教育家蔡元培把人格的塑造和培养作为育人的首要任务的原因。

在现实中，学校教育或家庭教育很多都会把文化知识的学习作为第一要务，而往往会忽视个体人格的培养。要知道，知识的掌握是一项智力教育，它主要靠领悟、记忆来实现，是一种层次相对较低的智力活动，所以人们把长于记忆、懒于思考的人讥为两脚书橱。但是人格的养成却是一项极为复杂的过程，它不仅需要丰富的知识，还需要健康的体魄、良好的精神、诚实的作风、广泛的兴趣、高尚的情操和真正的智慧。因此，健全的人格应该是自由思想、独立精神、诚实作风、仁爱品德的综合体现。如果学校教育或家庭教育只有知识的学习、灌输而缺乏人格的培养，那么，知识就极有可能成为人争名夺利的"武器"，危害社会的工具。所以，人格教育就显得极为重要了。为此，蔡元培的这种教育理念，是值得我们现代人继承和学习的。

其实，在辛亥革命之后，蔡元培就认为既然革命已经成功，所谓的爱国精神就"不是在提倡革命，而是在养成完全之人格"。当时担任北京大学校长的蔡元培，曾经反复强调："大学并不是贩卖毕业生的机关，也不是灌输固定知识的机关，而是研究学理的机关。……而研究学理的结果，必要影响于人生。"所以，蔡元培曾经对学生们说："你们应当有研究学问之兴趣，尤当养成学问家之人格。"同时，蔡元培甚至也认为对人格的不同重视，成了区分文明人与野蛮人的主要依据。

身为教育家和国学大师的蔡元培，在提倡塑造他人人格的同时，也在用自身的人格魅力感染着他人。蔡元培的"君子之象"，曾经在学生中广受欢迎，反响极为强烈。冯友兰说："蔡元培之所以会受到学生们的爱戴，完全是他个人人格的感召。"柳亚子先生在《纪念蔡孑民先生》一文中也说："蔡先生一生和平敦厚，蔼然使人如坐春风。"

在当年的北大，蔡元培的君子之象与人格魅力，已经成为校园里的一种新气象，并产生了极为广泛而深远的影响。张申府概括地说："在蔡元培校长的革新精神指导下，北京大学气象一新，在全国教育界、学术界以及思想界产生了重要的影响，成为五四爱国运动的中心。"美国著名哲学家杜威高度评价说："拿世界各国的大学校长来比较一下，牛津、剑桥、巴黎、柏林、哈佛、哥伦比亚等，这些校长中，在某些学科上有卓越贡献的，固不乏其人；但是，以一个校长身份，而能领导那所大学对一个民族、一个时代起到转折作用的，除蔡元培而外，恐怕找不出第二个。"所以，蔡元培先生的人格魅力对当下的我们加强道德修养，进行人格教育，不断提升人格，有极深的启迪作用。

2. 比名利更重要的是人格

真正的道德教育应该建立在灵魂的高贵的基础上，要教导人们做高贵的人，做有尊严的人，有尊严的人之间的相互关系必然是道德的。

——周国平

北大人认为：在构成人所有的精神因素中，人格是最为重要的。一个人有人格便有气质，而若人格丧失，气质便无从谈起。人格是构建人生大厦的支柱，没有它，与人生相关的任何壮丽与辉煌都将无从谈起；人格是人生的风帆，有了它，才能驶向理想的彼岸；人格是一个人的名片，在这张名片上印制高尚，人生之路畅通无阻，而一旦打上卑鄙的烙印，一世再难有英名。人格是人生亮丽的风景线，唯有它，才具有吸引、影响人的巨大魅力。人格高尚者，让世人敬重，如屈原、孔子、陶渊明、李白、文天祥等，一世英名照汗青；人格低下者，让世人唾弃，如秦桧、严嵩、慈禧等，遗臭万年遭唾弃。

伯夷、叔齐是商朝末年诸侯孤竹君的儿子。孤竹君生前要立三儿子叔齐为自己的继承人。孤竹君去世后，叔齐出走，欲让位给兄长伯夷。伯夷也不愿作国君而逃避。

后来二人在路上相遇，闻听西伯侯姬昌（周文王）善养老幼，深得人民拥戴而入周投靠。文王仙逝，周武王继位而拥兵伐纣，他们认为诸侯伐君为不仁，极力劝谏。武王不听，决意灭商。伯夷、叔齐对周武王的行为十分反对，誓死不作周的臣民，也不吃周的粮食，隐居在首阳山，采野果为生。

后来"不食周粟"就用来形容一个人气节高尚，誓死也不愿与非正义或非仁德的人有瓜葛。

伯夷、叔齐能主持正义，坚持原则，宁可饿死，也不食周粟的精神甚是感人，被后人相继传颂。他们的行为无愧于自己的一生，活出了常人所难以企及的大人格，是精神楷模。在《正气歌》中，文天祥诗云："天地有正气，杂然赋流形。下则为河岳，上则为日星。于人曰浩然，沛乎塞苍冥。皇路当清夷，含和吐明庭。时穷节乃见，一一垂丹青。"

"当今之世，舍我其谁"，中国历史上能讲出这种话的人可谓是空前绝后了。像这种大丈夫一定有大人格、大境界、大眼光、大胸襟！做人要做大丈夫，生子当如嵇叔夜。

嵇康，字叔夜，是"竹林七贤"之一，他一面崇尚老庄，恬静寡欲，好服食，求长生；一面却尚奇任侠，刚肠疾恶，在现实生活中锋芒毕露，他对那些传世久远、名目堂皇的教条礼法从来不以为然，更深恶痛绝官场仕途中的乌烟瘴气、尔虞我诈。他宁愿在洛阳城外做一个默默无闻而自由自在的打铁匠，也不愿与竖子们同流合污。所以，当他的朋友山涛向朝廷推荐他做官时，他毅然决然地要与山涛绝交，并写了历史上著名的《与山巨源绝交书》，以明心志。

不幸的是，嵇康那卓越的才华和不羁的性格，最终为他招来了祸端。他提出的"非汤武而薄周孔""越名教而任自然"的人生主张，深深刺痛了当政者。于是，在钟会之流的诽谤和唆使下，公元262年，统治者司马昭下令将嵇康处死。

在刑场上，有三千太学生向朝廷请愿，请求赦免嵇康。而此刻嵇康所想到的，不是他那即将结束的宝贵的生命，而是一首美妙绝伦的音乐后继无人。他要过一架琴，在高高的刑台上，面对前来为他送行的人们，铮铮琴声响起，激越的曲调和美妙的音符，铺天盖地，落进每个人的心里。弹毕，嵇康从容引首就戮，那一刻，残阳如血。那首曲子，就是《广陵散》。

那一年，嵇康年仅39岁。

稽康钟情于道家，孟子为儒家，两人都有着狂放的性格以及决不谀世的高尚情操，真可谓大丈夫也。这就是高风亮节的代表。也许他们在当时志不能伸，却留一世英名与后人。

完美人生来自于完美的人格，我辈即便不能名垂千古，也要携一身正气，不能照亮世界，也要照亮自己的人生，才不枉人世走一遭。古词说得好：尔曹身与名俱灭，不废江河万古流。"名利"二字，自古最留不住，唯有伟大的人格能立于天地之间与之相恒久。在面对名利与人生的取舍时，孰轻孰重，该舍谁弃谁，不言自明。

3. 承认自身阴暗面，积极自我净化

我主张，一个人一生是什么样子，年轻时怎样，中年怎样，老年又怎样，都应该如实地表达出来。在某一阶段上，自己的思想感情有了偏颇，甚至错误，决不应加以掩饰，而应该堂堂正正地承认。这样的文章决不应任意删削或者干脆抽掉，而应该完整地加以保留，以存真相。

——季羡林

拥有高贵人格的人，都是善于剖析自我，承认自身的阴暗面，并能积极净化自我的人，这样的人也是最有气质的。马克·吐温说："每个人都是月亮，总有一个阴暗面，从来不让人看见。"多数人喜欢揣摩别人的阴暗心理，却不愿坦诚地面对自己的阴暗面。从心理层面分析，每个人心目中都有一个完美的自我形象，出于维护自我形象和自尊心的需要，人们会本能地排斥自己身上阴暗的元素，想方设法地掩饰自己的污点，或者故意删减、篡改记忆，反反复复为自己的错误辩解。这样做不仅会使自己陷入无休止的痛苦和矛盾中，还会极大地限制自身的进步，使自己无法实现自我净化，阻碍自己成为一个更加纯粹的人。

坦诚地面对自我，接纳自己的阴暗面，我们才能成为更美好的人。不要为自己的阴暗面感到难为情，阴暗面就像人的影子，往往欲盖弥彰，你只有承认影子的存在，才能变成一个更加诚实和更加光明的人。事实上，每个人都有另一个自己，再乐观的人也有悲伤的时候，再坚不可摧的人也有软弱的时候，再慷慨大方的人也有自私狭隘的时候，再高尚的人也有做错事的时候。任何一个高大全的形象都是虚构出来的，我们只有承认自己的阴暗面，看到自己不好的特质，才能更好地反思反省，进而更好地改造自己、完善自己。

北大讲师鲁迅喜欢"解剖"别人，更喜欢"解剖"自己，他在揭露自己阴暗面的时候通常是毫不留情的。在多部作品中，他都反思过自己错误的行为和错误的想法，并表达了真诚的悔意，比如他曾承认自己残忍地剥夺了兄弟放风筝的乐趣，认为那是没出息的孩子才做的事，后来为毁掉兄弟的童年而自责不已。

在《一件小事》中，鲁迅把自己塑造成了一个冷漠麻木的人，将阴暗的自我形象和忠厚善良、乐于助人的车夫形成了鲜明的对比，并用叹息的口吻这样写道："几年来的文治武功，在我早如幼小时候所读过的'子曰诗云'一般，背不上半句了。独有这一件小事，却总是浮在我眼前，有时反更分明，叫我惭愧，催我自新，并且增长我的勇气和希望。"可见鲁迅从来没有刻意回避过自己的阴暗面，正因如此，他的灵魂才比别人更纯洁更纯粹。

小丹最近非常苦恼，起因是她的好友考证失败，她从心底里感到幸灾乐祸，她知道这样做不对，可就是抑制不住那种莫名的愉悦感，为此她感到恐惧，并生出一种罪恶感。因为是第一次发现自己的阴暗面，小丹非常不安，以前她一直认为自己是个绝对善良的人，而现在她对自己的看法发生了根本性的改变。

她不能接受这样的自己，于是编造了各种借口来掩饰自己不那么光彩的一面，比如她其实也为好友考证失利而难过，不过物极必反，难过到一定程度就变成了高兴。这个理由说不通，她又编造了别的理由，可是编来编去总是难以自圆其说。

经过数日心理挣扎，她把自己的真实想法向好友坦白了，并真诚地向好友道了歉，没想到好友不但没有责怪她，反而安慰她说："幸灾乐祸并不能说明你在道德和品质上存在重大问题，其实你有这种心理，主要是自尊心在起作用，因为你的自尊心没有得到满足，所以会利用别人的不幸来提升对自我的评价，以后你变得自信一点就不会再幸灾乐祸了。"

经好友的提醒，小丹也开始深入研究幸灾乐祸这种阴暗的心理，她肯定了好友的看法，认为幸灾乐祸是为了缓解羡慕或嫉妒的情绪，加强对自身的肯定，不够自信的人通常会有这样的心理。平时她确实认为朋友在长相和能力方面超过自己，所以才会产生这样的心理。通过一段时间的心理调适，她解决了自身的心理问题，从此变得更加有怜悯心和同情心了，不再对任何人走霉运感到幸灾乐祸了。

每个人都有不为他人所知的阴暗面，当我们体察到自身的阴暗面时，往往会愧疚会痛苦，第一反应就是逃避。其实逃避并不能解决问题，否决自身的阴暗面，会让真实的自我变得支离破碎，唯有不断检讨自己，不断反省自身，努力纠正自己不良的特质，我们才能改造自己，成为更加完整、更加诚实的人。

4. 人生的"根本"不可丢

"乐""玩"也不是容易的事。必须在人生的根本上弄对了，然后才能干什么都对，才能有真乐趣。

——梁漱溟

曾任北大教授的梁漱溟先生曾送给友人一副联语："无我为大，有本无穷。""有本"，并不是指做生意有本钱，有资本，而是说人一定要有立身的根本。根本正确，做其他的事才可能是正确的，才会得到真正的人生乐趣；根本不对，即使想要做一些好事，想要积极上进也是不可能的。

老庄以"道"为根本，凡事依道而行，所以能够超然物外，逍遥自得；儒家以"仁"为根本，亲人爱物，故能关照万物，为天地立心，为生民立命。一个人，无论持有哪种信仰，一定要有自己的根本，自己的处世原则。《大学》中说："物有本末，事有终始，知所先后，则近道矣。"有所操持，坚守根本，再去做其他的事情，才不会脱离大道，犯严重的过错，也就不会在事后遗憾悔恨了。

为人做事坚守根本就是有德，丢掉根本就是失德。人人坚守根本社会才能井然有序，和谐融洽；人人都忘记根本，都为所欲为，社会就会混乱，每个生活在其中的人都会深受其害。医生的根本在于治病救人，在于仁慈，若失去这个根本，只盯着钱财虚名，就不能称为一个合格的医生；商人的根本在于诚信，如果没有诚信，肆意追逐利益，就会为了发财而囤积居奇，欺骗投机，害人也害己；为官的根本在于管理服务人民，如果忘掉了这个根本，就会在职位上作威作福，盘剥百姓，成为社会的蛀虫。

梁漱溟先生就是一个有根本、有原则的人。符合他原则的事，他就会全力以赴；不符合原则之事，他就认为违反了自己做人的根本，即使面对再大的压力也不退缩；该做的时候，虽千万人吾往矣，不该做的时候，就是别人逼迫他也毫不动容。

1924 年，梁漱溟离开北大，有人问他原因，他说："因为觉得当时的教育不对，先生对学生毫不关心。"他认为，先生应与青年人为友。所谓友，指的是帮着他们走路。先生应该教学生们走正确的道路，做出正确的选择，而不是让他们屈服权贵。既然自己不能这么做，就只好辞职了，北大教授的名声再好，俸禄再丰厚，他也不愿意继续做下去。

抗战中，梁漱溟在重庆办学，有反"政府"之论，沈醉带特务闯进学校去查办他。梁漱溟则正气凛然，针锋相对："我这是小骂，对你们，对抗日有好处，如果你们仍不改悔，我今后还要大骂。"李公朴、闻一多血案发生后，很多人对白色恐怖感到畏惧，而梁漱溟却在集会上公开宣言："特务们，你们还有第三颗子弹吗？我在这里等着它！"

梁漱溟一生根本牢固，原则分明，晚年自豪地说道："我一生的是非曲直，当由后人评说。自己为人处世，平生力行的，就是独立思考，表里如一。"

对于一个人来说，最重要的不是他取得了什么成就，不是他拥有多大学问，而是能够在生命将尽的时候，自信地说："我一生没有丢掉自己的根本。"这样的人是最高贵的，也是最有气质的。

5. 勿以善小而不为，小事蕴含大乾坤

巨大的建筑，总是由一木一石叠起来的，我们何妨做做这一木一石呢？我时常做些零碎事，就是为此。

——鲁迅

高贵的人都是注重细节的人，他们始终将"勿以善小而不为"作为

自己行事的原则，这样的人用切实的行动，支撑起了他们高贵的精神气质，无不令人敬仰。

从辩证的角度来看，任何宏大的事物都是由微小的事物组成的，大事都是由若干小事构成的，不关注小事就做不成大事，所以鲁迅说"巨大的建筑，总是由一木一石叠起来的，我们何妨做做这一木一石呢？我时常做些零碎事，就是为此"，旨在提醒人们不要对小事不屑一顾。老子说："千里之行始于足下"，意思是想要有一番大的作为就要从眼前的小事做起；荀子说"不积跬步，无以至千里；不积小流，无以成江海"，认为脚踏实地地做好每一件小事才能成就大事。鲁迅与先人的观点是不谋而合的。

在《一件小事》中，鲁迅表达了自己对日常小事的看法：一个平凡的车夫做了一件令人感动的小事，树立了伟岸的形象，而故事中的"我"却对小事不屑一顾，对比之下人品的高下一目了然；"我"因此而羞愧万分，由衷地佩服起车夫来。故事讲的是一位头发花白的老妇人撞上了黄包车，"我"认为她并没有受重伤，旁边又没有目击者，便觉得车夫可以一走了之。而那位车夫却主动承担责任，搀扶着老妇向巡警分驻所走去。车夫并没有做出什么惊天动地的大事，可是却完成了一个小小的善举，这善举使他显得伟岸和崇高，而"我"却觉得帮助受伤的老妇人无关紧要，反映出了自私的本质。在鲁迅看来，人们对待一件小事的态度足以反映这个人的精神面貌，世间百态都蕴藏在里面，不屑于做好一件小事的人，根本做不成令世人瞩目的大事。

鲁迅在大事上毫不含糊，在小事上也严格要求自己。鲁迅13岁时家里发生了重大变故，不仅家道中落，父亲还患上了重病，日子过得越发艰难。为了支付父亲的医药费，他经常到当铺里典当家中的物什，因此常常往返于当铺和学校之间。有一次，父亲病得很重，他一大清早就到当铺典当东西，用换来的钱给父亲买了药，到达学校时已经迟到了。

　　老师看到鲁迅很是生气，严厉地批评了他，鲁迅没有为自己做任何辩解，只是默默地回到了座位上，第二天便在书桌的右上角刻下了一个"早"字，从此把早到的信念牢牢刻在了心里。以后的日子里，父亲的病更加严重了，鲁迅更加频繁地往返于当铺和学校间，而且还需要花更多的精力照料父亲。可是他一次也没有迟到过，因为他起床的时间大大提前了，每天早早地料理好家事，然后再到当铺和药店，之后急急忙忙地跑到学校上课。

　　书桌上那个小小的早字一直激励着鲁迅前进，从此他时时早、事事早，毫不松懈地奋斗了一生。17 岁他顺利从三味书屋毕业，18 岁进入江南水师学堂学习，而后公费到日本留学，学习西医，1906 年，他弃医从文，先后在北京大学、北京师范大学等高等学府授课，成为"新文学运动"的领军人物，其著作被译成 50 多种文字在全球各地传播。

　　今天我们非常熟悉的一种现象是：人人都想拯救世界，却没有人愿意帮母亲洗碗。人们只追求伟大的事业和高远的理想，却经常忽视身边的小事。可是"一屋不扫何以扫天下"？连最平常的小事都做不好，还谈什么大事呢？鲁迅从未看不起任何一件小事，仅仅是一次迟到就能让他感悟更多，他从纠正上学迟到的行为做起，要求自己守时、上进，最终成了一代文坛巨匠。

　　很多人认为小事是微不足道的，做好一件小事并没有什么了不起，不愿也不想在小事上浪费时间和精力，整日想着怎样出人头地，干出一番惊天伟业来，结果大事没做成，小事也处理不好，不但不能和优秀的人相提并论，甚至连平凡的普通人也不如。一件件小事就像整体中的碎片，它们是不可或缺的，只是一味地追求抽象的整体，却对具体的小事视而不见，做什么事都不会成功。因此我们对任何小事都不要掉以轻心，要像重视大事那样重视小事，只有这样我们才能把握好生命的每一个环节，实现自己的人生理想。